国家新闻出版改革发展项目库重点项目

THE TOP WEAPON MASTER BRITANNICA OF SCIENCE

超级武器大师系列军事大百科全书

GUN MASTER Ⅰ

枪械大师

[编] 韩雨江 孙铭 徐波 | [绘] 凯帝动画

吉林科学技术出版社

图书在版编目（CIP）数据
枪械大师 / 韩雨江，孙铭，徐波主编. -- 长春 : 吉林科学技术出版社，2014.8
（超级武器大师）

ISBN 978-7-5384-8056-6

Ⅰ. ①枪… Ⅱ. ①韩… ②孙… ③徐… Ⅲ. ①枪械－世界－普及读物 Ⅳ. ①E922.1-49

中国版本图书馆CIP数据核字（2014）第164238号

枪械大师

主　　编　韩雨江　孙　铭　徐　波
出 版 人　宛　霞
责任编辑　张延明
封面设计　李宏蕾
美术设计　吉林省凯帝动画科技有限公司
制　　版　吉林省凯帝动画科技有限公司
电脑美术　焦　群　冯奕轩　贺媛媛　王梓豫　姚丽娜　姜海龙　边宏斌　马俊德
　　　　　丛文鹏　徐　茜　周　颖　张宗婧　王歆禹　李红伟　王　澜　程心童
开　　本　889mm × 1194mm　1/16
字　　数　190千字
印　　张　9
印　　数　54 001-57 000册
版　　次　2014年12月第1版
印　　次　2024年4月第11次印刷
出　　版　吉林科学技术出版社
发　　行　吉林科学技术出版社
地　　址　长春市福祉大路5788号出版大厦A座
邮　　编　130021
发行部电话 / 传真　0431-81629529　81629530　81629531
　　　　　81629532　81629533　81629534
储运部电话　0431-86059116
编辑部电话　0431-81629380
印　　刷　吉林省吉广国际广告股份有限公司
书　　号　ISBN 978-7-5384-8056-6
定　　价　88.00元

目录

《 枪械大师 GUN MASTER 》

【 THE ORIGINATOR OF FIREARMS 】

枪械鼻祖

【 ABSOLUTE FORCE 】

绝对主力

目录

《 枪械大师 GUN MASTER 》

【GLORIOUS MISSION】

光荣使命

【ALL-POWERFUL】

叱咤风云

【PERFECT KILLER】

完美杀手

阅读指南

《枪械大师》共分为五章：第一章“枪械鼻祖”，引介枪械的起源；第二章“绝对主力”，世界大战期间的武器万花筒；第三章“光荣使命”，现代化战争的自动化武器碰撞；第四章“叱咤风云”，伴随制造工艺发展的经典枪械；第五章“完美杀手”，近战武器及未来武器的发展应用。

篇章名称

本章节的标题名称，每个章节都使用不同颜色的底色标记。

篇章英文

章节名称的英文翻译。

周边趣闻

与主题枪机相关的趣味性故事。

主文字

介绍枪机历史人文主线的文字内容。

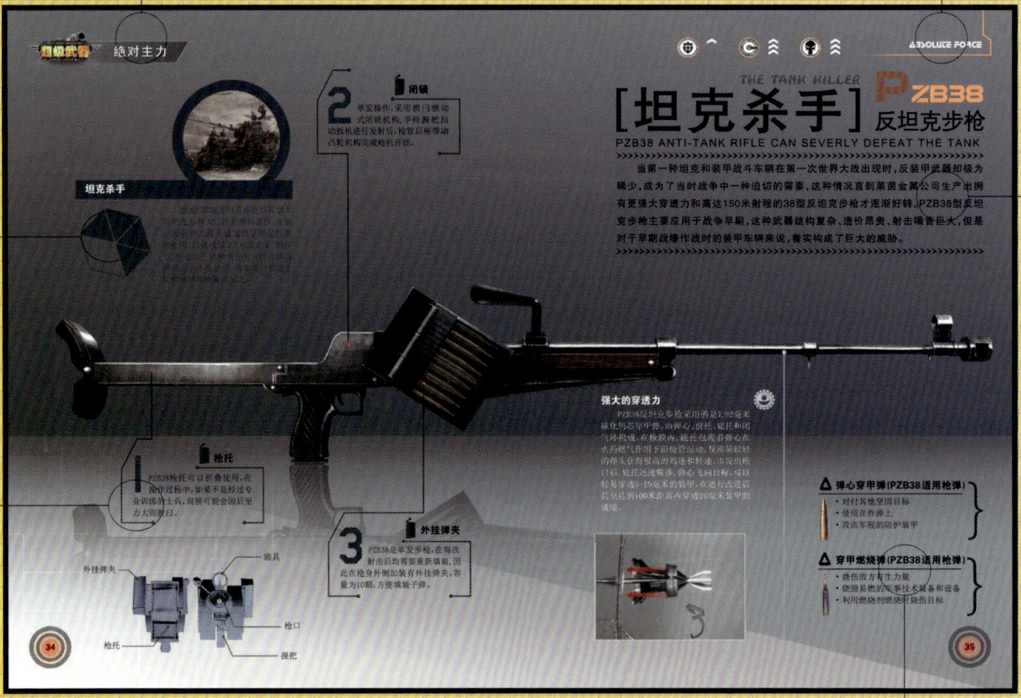

名词解释

枪体部件的相关知识介绍。

比照

同类型枪机装备的数据比对。

能力值

防御力、攻击力、攻击范围的能量指数。

标准型号

枪机的国际通用名称。

剖视图示

枪机内部工作原理的图面演示。

枪机构成

组成枪机的主要部件名称介绍。

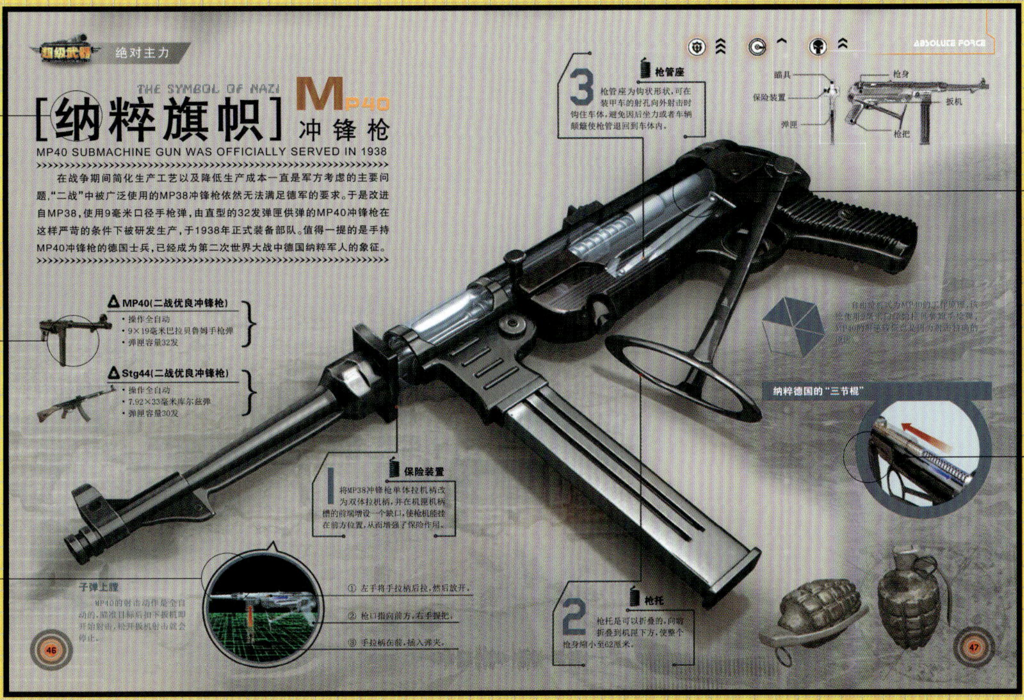

主标题

主文字的标题文字内容。

内构剖视图

解剖外壳，展示枪机的内部结构。

比照

同类型枪机装备的数据比对。

原理解剖

枪机最突出、最具特色的功能原理解剖。

原理分解

枪机工作原理的分步说明。

THE REMOTE SHOOTING CROSSBOW

[远程穿刺]弓—弩

BOW AND CROSSBOW ARE THE OLDEST LONG-RANGE WEAPONS

弓是最早的远程武器，尤以骑兵作战为主，杀伤力非常大，在逐渐的发展中衍变形成了长弓、弩等武器。弩早在中国春秋战国和古希腊时期就出现了，而后几乎传遍了世界各国。据《吴越春秋·勾践阴谋外传》记载，弓、弩的发展："弩生于弓，弓生于弹，弹起古之孝子。" "横弓着臂，施机设枢，加之以力。"后来弩配合火药的使用，产生了火箭、响箭等形式。近现代弓、弩虽然已经退出了战争的舞台，但是这种射击的文化仍在继续。

羽箭

羽箭的箭杆一般由竹子、芦苇等制作而成;尾羽采用水鸟的羽毛制造，箭头为金属质地，一般为三角形的双刃箭头。

羽箭的制作

① 从顶端撕开羽毛至羽毛管中央。
② 羽毛两端各留20毫米宽的羽毛管以便于系在箭杆上。
③ 将箭杆圆周三等分，系上相互对称的三根羽管。

1 连弩

是一种扣动扳机后就能连续不断射击的连发式远程兵器；还有一种是能同时发射多支箭的多发式。

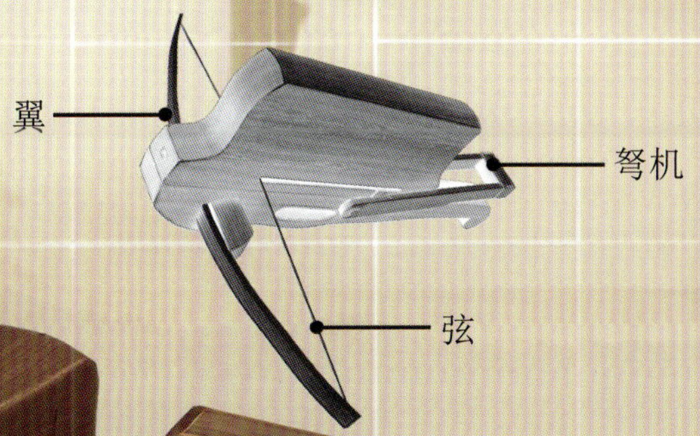

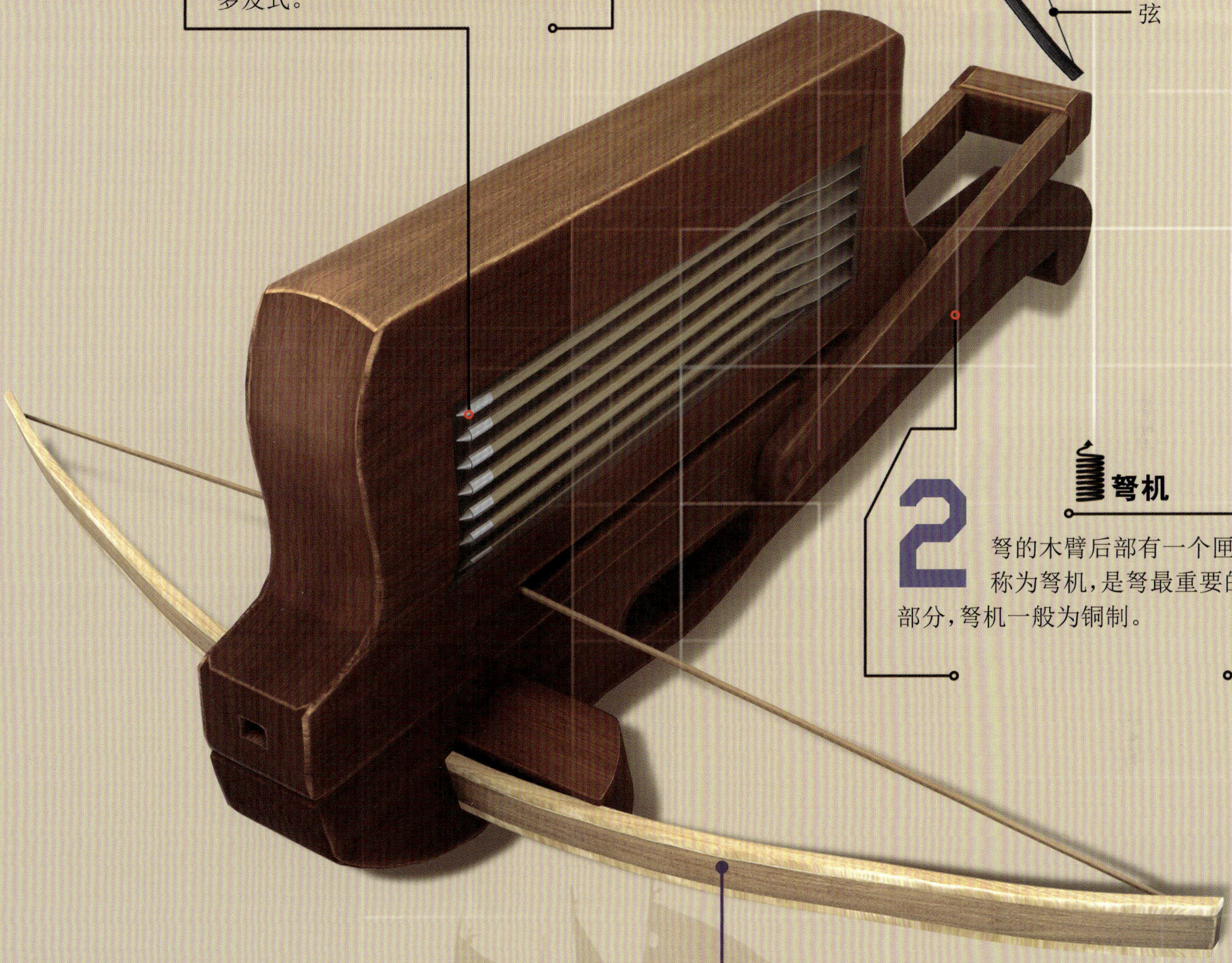

2 弩机

弩的木臂后部有一个匣，称为弩机，是弩最重要的部分，弩机一般为铜制。

大黄弩（汉代）

- 汉代弩的强度按石计算，分一石至十石
- 射程能达到400米左右
- 只有十分强壮的人才能使用

神臂弩（北宋）

- 弓身长三尺三（约1.2米），弦长二尺五（约0.83米）
- 射程远达500米左右
- 威力强于汉代大黄弩

诸葛亮与武器的不解之缘

连弩也被称为“诸葛弩”，三国时期，诸葛亮将连弩进行了改进，所以连弩因此得名为“诸葛弩”。明朝的“诸葛弩”一次能发射10支箭，准确性、杀伤力及打击范围都很大，是非常具有代表性的连发式武器，在当时战场上对冲锋陷阵的军事将领构成极大的威胁，诸葛亮这个威名远播的历史人物真是功不可没。

THE CLASSICAL COLLECTION

[典藏精髓] FIRELOCK 突火枪

FIRELOCK REPRESENTS ANOTHER GREAT PROGRESS OF FIREARMS

中国的火枪发展较早，宋朝时就已经出现，当时叫做“突火枪”。发源地是在古时候的寿春，也就是现在的安徽省寿县，寿县曾是四朝古都，是一个历史悠久的文化古城。突火枪的出现无疑是火器发展中的又一重大进步，而这种火器中的子窠是用瓷片、碎铁、石子等材料组成，开创了后世各种管状类火器中弹丸的先河。

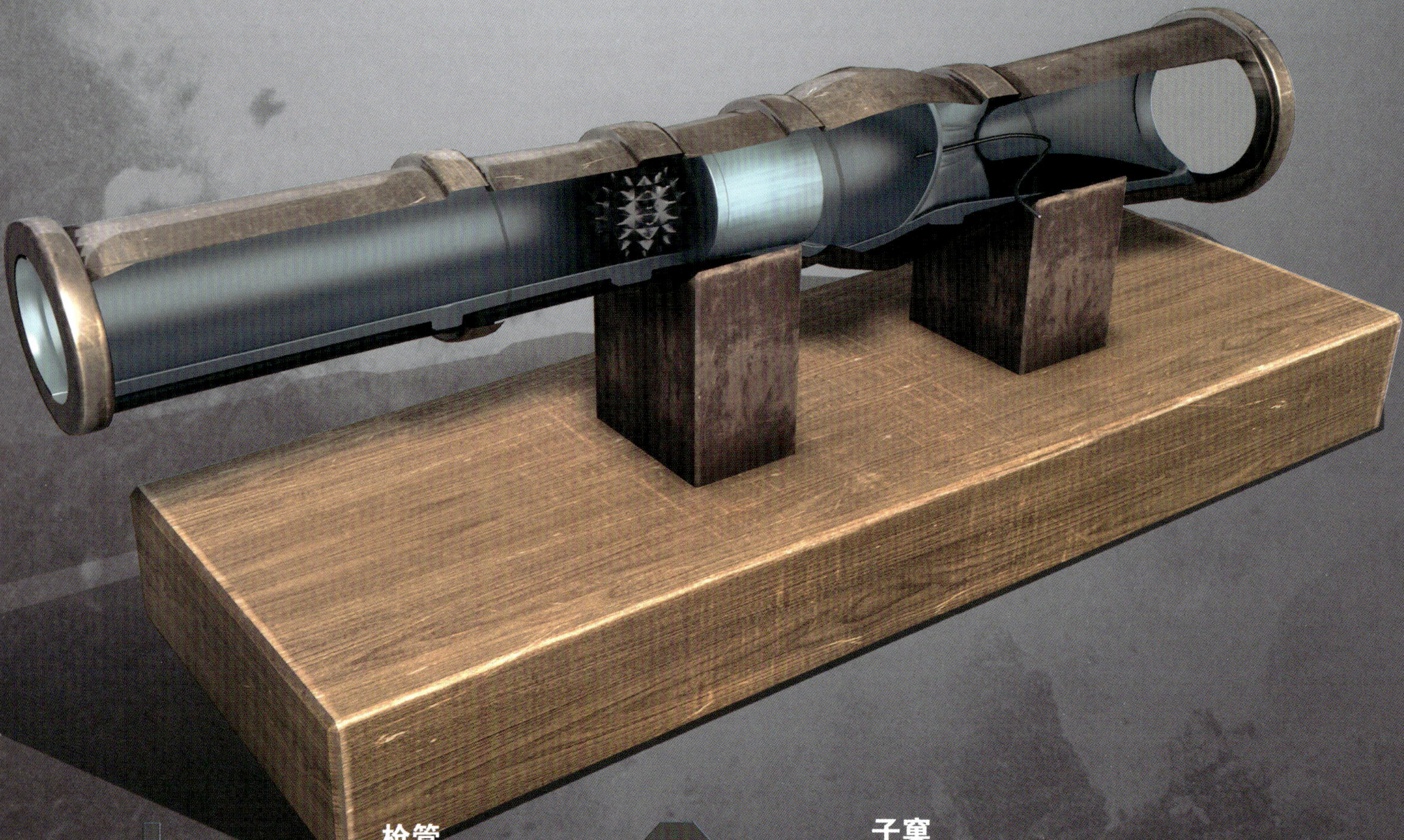

1 枪管

突火枪是管状抛射物发射器，早期以竹筒为枪身，后期改用铜、铁材质，中国发明的突火枪是所有现代管状发射武器的鼻祖。

2 子窠

子窠是火器史上一项重要发明，为突火枪早期所使用。突火枪内部装填火药为子窠，点燃引线后，火药喷发，将子窠射出。

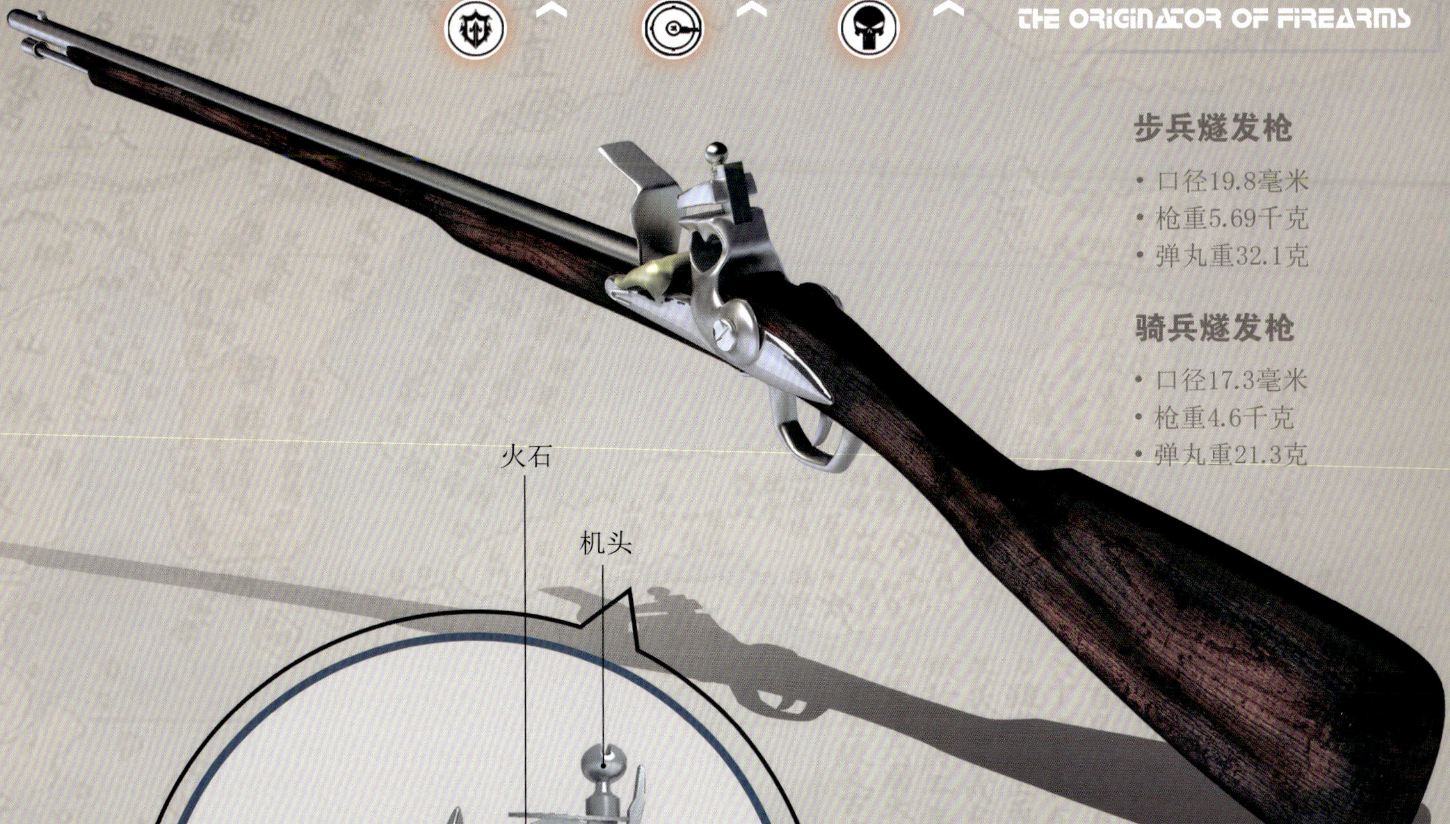

步兵燧发枪

- 口径19.8毫米
- 枪重5.69千克
- 弹丸重32.1克

骑兵燧发枪

- 口径17.3毫米
- 枪重4.6千克
- 弹丸重21.3克

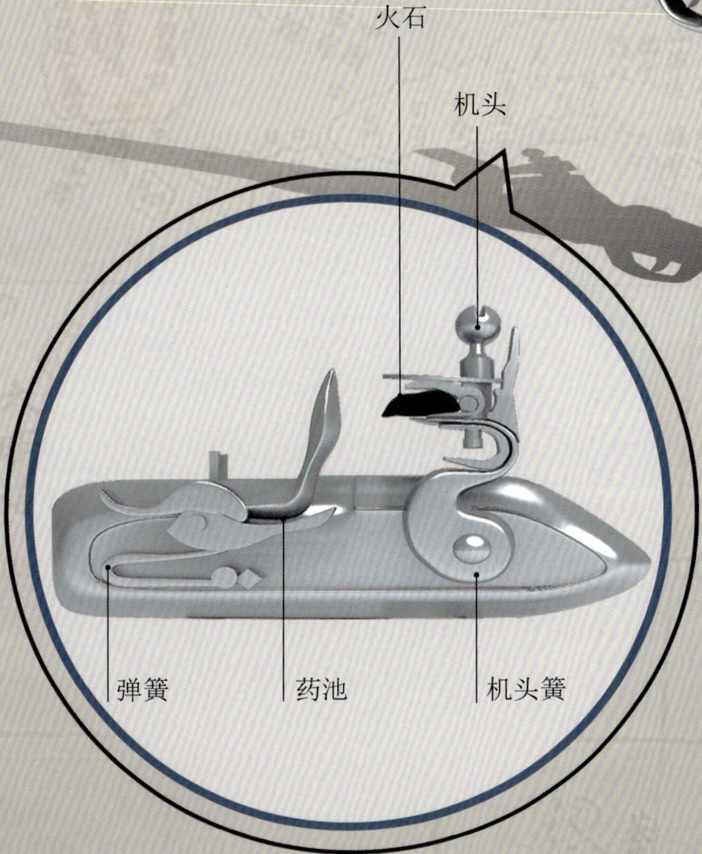

木榔头敲打的作战

燧发枪与火绳枪的结构相似，是利用击锤上的燧石撞击产生火花，从而引燃火药。燧发枪的平均口径大约为13.7毫米，由于当时还没有发明后装弹式火枪，对弹药装填技术提出很高的要求，装填弹丸时，需将弹丸放到膛口，用木榔头打送弹棍，推动枪弹进膛，但这是非常费时间的，在战场上，就意味着浪费生命。

1635年，明代火器研究家毕懋康发明了自生火铳，该枪的结构性能与鸟铳(明朝对新式火绳枪的称呼)差异并不大，但是在点火装置上改进为燧石点火。自生火铳是一种撞击式燧发枪，将扣扳机龙头下压，因弹簧的作用与火石磨擦发火。燧发枪不但克服了火绳点火法在风雨中对射击造成的困难，而且不须用手按龙头，瞄准较为准确，随时都能进行发射。燧发枪的诞生在中国火器史上是一项意义重大的变革。

IN A FLASH FLINTLOCK

[电光石火] 燧发枪

FLINTLOCK STANDS FOR A GREAT CHANGE IN THE HISTORY

3 扳机

左轮手枪一旦瞎火，只需再扣一次扳机，那发“死弹”便会转到一边，“新弹”立即可以补上。

1 枪管

通常以耐热不易变型金属管打造而成，连接在膛室，枪管内侧刻有螺旋凹槽，使射击出的弹头进行自旋，达到稳定状态。

2 转轮

转轮既是弹膛又是弹仓，其上有5~7个弹巢，最常见的是6个，故人们又称这种手枪为“六响子”。

“左”式填弹

左轮手枪装填完弹药，射击时扣动扳机，转轮会使子弹在弹巢中对正枪管，便可以逐发射击。

① 将转轮推出框架甩向左侧。

② 将转轮推回框架。

③ 将子弹安装在弹巢中。

THE BLUE BLOOD

[枪中贵族] COLT 左轮手枪

COLT REVOLVER PISTOL COULD MAKE YOU BE A NOBILITY

左轮手枪是美国传奇军火制造商——塞缪尔·柯尔特于1835年发明的，左轮手枪即转轮手枪。美国前总统西奥多·罗斯福曾经说过：“美国西部拓荒的历史实际上就是左轮手枪、靴子以及马的历史。”柯尔特左轮手枪在当时之所以受到欢迎，不仅仅是因为手枪自卫的功能，更是因为若是牛仔们腰上挎上两把左轮手枪，会显得自己略显优雅古典，能沾染些贵族气质。

打火左轮手枪（转轮手枪）

- 口径12.7毫米
- 枪管和转轮均为铜制
- 未被广泛使用

柯尔特左轮手枪（转轮手枪）

- 口径9毫米
- 不锈钢材料
- 被广泛使用

精良的模块化分解

左轮手枪的轮盘装弹舱属于半自动圆轮盘，具备现代化模块化分解雏形，装弹迅速，可以旋转，随时能够退出哑弹。枪机使用锥形弹头的壳弹，扣动一次扳机即可联动完成转轮待击发两步动作，这是左轮手枪或者是轮盘手枪核心所在。

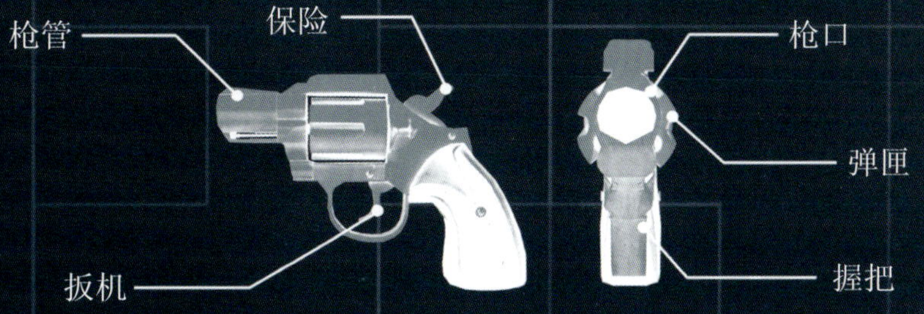

SHOOTING WITH ANGER

GATLING

[怒焰争锋] 加特林机枪

GATLING GUN PROVIDES A SOIDER A COMPONY OF ENERGY

历史上第一支实用化的机枪是由美国人理查·乔登·加特林在1862年设计的，故此将其命名为加特林机枪。加特林的职业本来是一名医生，但因为他热衷于工程学，在1861年美国内战打响之后的第二年便研发出了这款手摇多管重机枪，该枪每分钟可发弹200发，能让一个士兵拥有一个连士兵的战斗力。约在1874年，加特林机枪输入中国，当时被称为“格林炮”或“格林快炮”。

转管武器的连发战斗力

射手在操作过程中通过摇动曲柄从而带动沿圆周均匀排列的枪管旋转，装满子弹的弹膛从供弹料斗中进入到每根枪管后面的闭锁槽中，当枪管转到某个特定位置时，击针将子弹击发。而枪管转动到另一位置时，射击后的弹膛自动退出机枪。弹膛可以重复使用。枪管旋转一周可完成6发弹药的装填、击发和退弹，每分钟达到了200发的射速。

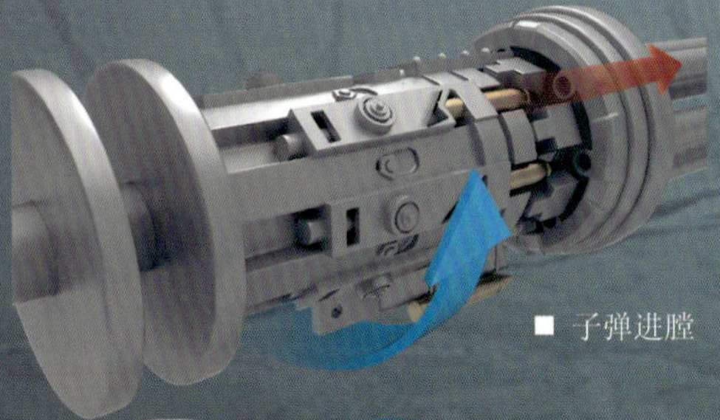

■ 子弹进膛

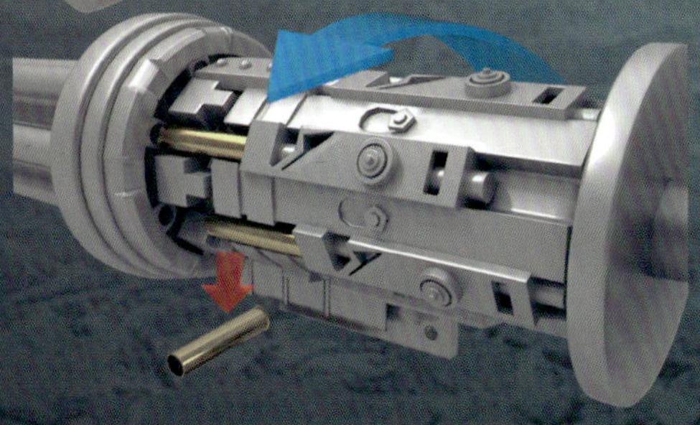

■ 子弹退膛

枪管

有6~10支枪管并列安装在一个旋转的圆筒上，每根枪管上都有独立的击针，手摇转柄可使各枪管依次旋转。

世界上第一支成功的多管式机关枪

加特林机枪是世界上第一支成功实用化的多管式机关枪，由6~10根枪管并列安装在一个旋转的圆筒上，手柄每转动一圈，各枪管依次完成装弹、射击、退壳等功能。虽然它后来被其他的新型机枪所取代，但其结构原理仍被作战飞机和军舰上的多管速射炮所应用，并保留着“加特林机关枪（炮）”的名字。

独立的钢制弹膛（加特林机枪）

- 弹膛与枪管分离
- 尾部封闭
- 装有撞击火帽

锥形枪膛（加特林机枪）

- 枪管后部直径更大
- 弹丸进入枪管更加容易
- 缺点：枪膛直径过大，弹头会在飞行过程中翻滚

2 弹膛

弹膛是钢制的，它的尾部封闭并装有撞击火帽，可以重复使用，枪管旋转时弹膛不动。

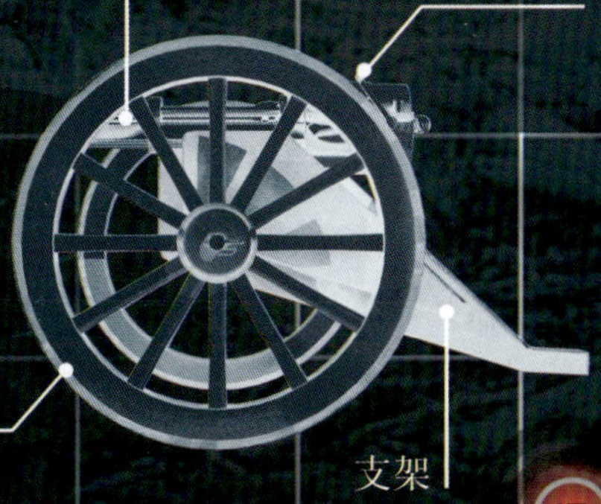

如此之高的地位

由于毛瑟式枪机的设计极为经典，它对后来的旋转后拉式枪机的设计产生了巨大的影响，几乎成为衡量任意一种旋转后拉枪机的公认标准。有许多国家生产过毛瑟步枪的仿制品，如我国著名的“中正式”步枪，它也参考了这种设计。

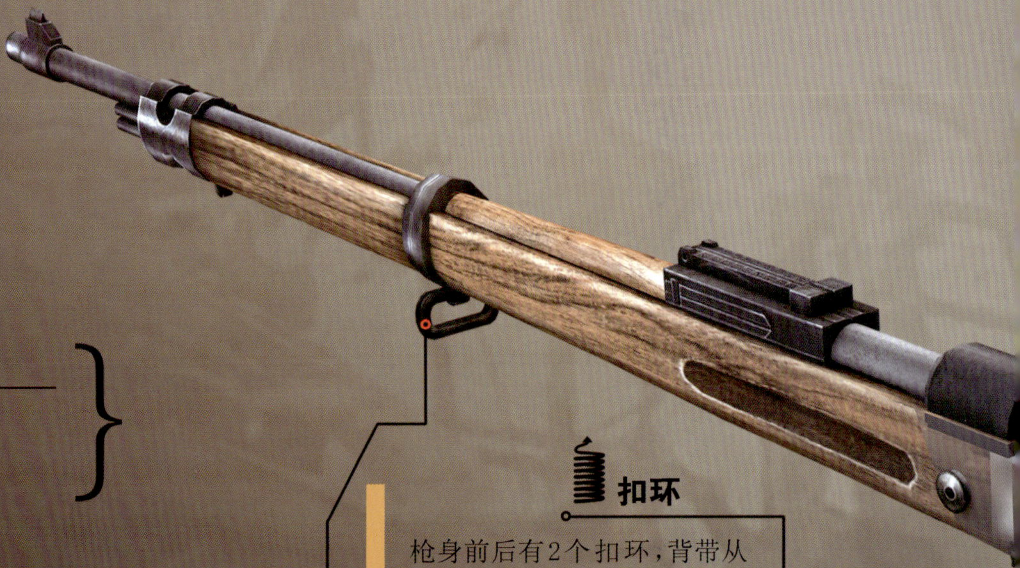

毛瑟98式(原型)

- 旋转后拉式枪机
- 口径7.92毫米
- 双排固定式弹仓装弹

李－恩菲尔德步枪(借鉴了毛瑟98S式原理)

- 旋转后拉式枪机
- 口径7.7毫米
- 双排弹夹装弹

扣环

枪身前后有2个扣环，背带从2个扣环的孔中穿入，98式不像98K的枪托可以充当后扣环，后扣环位于枪托下。

1867年一款由德国毛瑟两兄弟——威廉·毛瑟与保罗·毛瑟设计的旋转后拉枪击式步枪问世，后被命名为1871式步枪，这款步枪可以说是现代步枪里的一代宗师，大多数的旋转后拉式枪机都是根据毛瑟兄弟所设计的原理来设计的。毛瑟步枪经过第一次世界大战的洗礼曾被多次改型，其中98式“毛瑟步枪”可以说是步枪中的精品。

THE MASTER [一代宗师] MAUSER 毛瑟步枪

MAUSER RIFLE IS MORE EXCELLENT THAN OTHER RIFLES

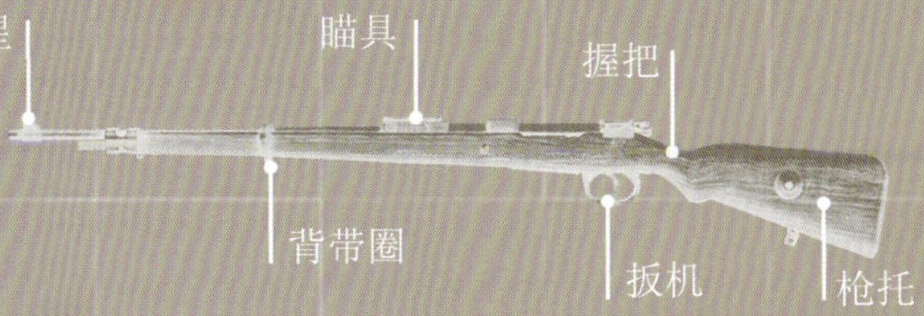

2 退壳装置

当子弹离开弹仓后，不旋转的抽壳钩能够立刻抓住弹壳底缘，牢牢控制住枪弹，直到弹壳抛出为止。

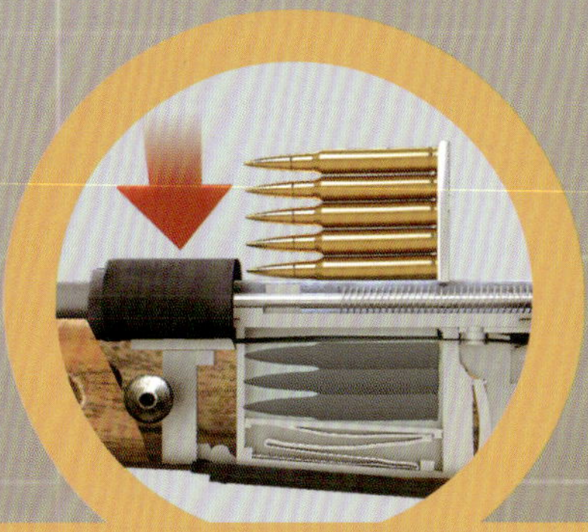

装填弹药的方法

毛瑟步枪的弹仓采用双排固定式，子弹从机匣顶部的抛壳口装入。装填方法有两种，一种是用桥夹，每条桥夹足可以装满枪支所需的5发枪弹，打开枪机后，把桥夹插在机匣环上方的导槽上，用力压进弹仓内，空的桥夹即可用手拨出，如果不用手拨，在枪机关闭时也会强行抛出桥夹；另一种方法很简单，只要打开枪机，用手一次一发地把枪弹压入仓内即可。

4 枪托

有一个与枪身整体化的木制枪托，胡桃木的材质，加上经典的外型，使得整支枪成为一件伟大的艺术品。

3 拉机柄

机枪上有一个柄，便于使用者拉动，这个柄叫机柄。在子弹没上膛的情况下，将机柄拉一下，即可送第一粒子弹上膛。

1 **枪托底板**

可拆卸的枪托底板，在机枪的枪托内有一条通道，用通过通道的连杆和弹簧将枪托底板与扳机护圈杠杆连接起来。

2 **帆布子弹带**

帆布子弹带长6.4米，容量333发，弹带端还有锁扣装置，可以连接更多子弹带，以便长时间发射。

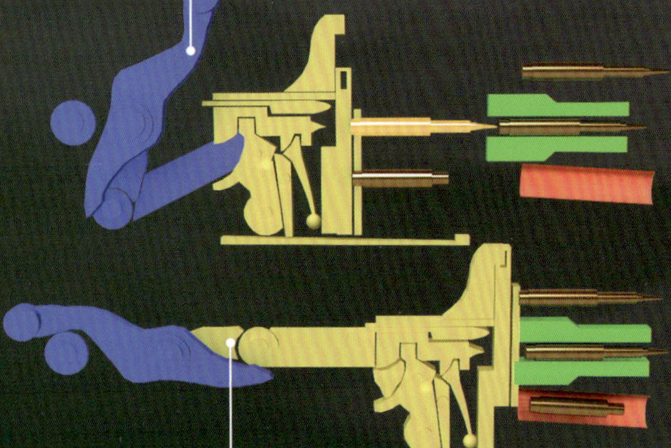

① 打开弹膛，供弹机构压缩复进簧。

② 枪机推弹到位后，后坐力将空弹壳抛出枪外，再次击发。

实现连发的过程

枪机在发射瞬间，枪机、枪管扣合在一起，利用火药气体能量作为动力，在弹簧力的作用下，实现连续射击，直到将弹带上的子弹打完为止。

DEADLY HARVEST

MAXIM

[致命收割] 马克沁重机枪

MAXIM HEAVY MACHINE GUN HAS JOINED ACTUAL COMBAT SINCE 1884

1883年，美国工程师海勒姆·史蒂文斯·马克沁成功制造出世界上第一支能够自动连续射击的机枪——马克沁重机枪。该枪是第一种以火药燃气作为能源的自动武器，它的诞生掩盖了加特林手摇式机枪的光环。从1884年加入实战开始，已有超过3200万人死在它迅猛的火力之下，马克沁重机枪当之无愧地成为当代杀人最多的武器，所以它也被称为“生命收割机”。

马克沁重机枪有一个显著的特点就是枪管格外厚重，枪管外部装有一个能将枪管包裹（只有枪口漏在水筒外面）的圆柱形冷却水筒对枪管进行降温，筒体前下方有个连接软管用的连接座，后上方有个注水阀门，通过软管将筒内沸腾的水蒸气导入水箱内冷却，冷却后的水还可以继续使用，软管和水箱并不一定随时连接在枪身上，持续射击时，就需要连接水箱。

高效制冷器

马克沁轻机枪

- 枪重11.5千克
- 47发或97发弹鼓
- 轻机枪

马克沁重机枪（原型）

- 枪重27.2千克
- 射速600发每分
- 重机枪

THE WESTERN WOLF

[西部苍狼] M1894 温彻斯特

WINCHESTER SHOTGUN HAS SUCCESSFULLY CONQUERED TEH WEST

温彻斯特杠杆式霰弹枪是美国温彻斯特连发武器公司生产的，这是历史第一支较成功的杠杆式连发霰弹枪。杠杆式操作设计是温彻斯特连发武器公司最成功的选择，为其赢得了超高的品牌知名度。在庞大的温彻斯特步枪家族中温彻斯特M1894最为经典，它是美国历史上第一支使用无烟发射药枪弹的枪，该枪和柯尔特左轮手枪一起，几乎成了西部时代的标志，被称为“征服西部之枪”。

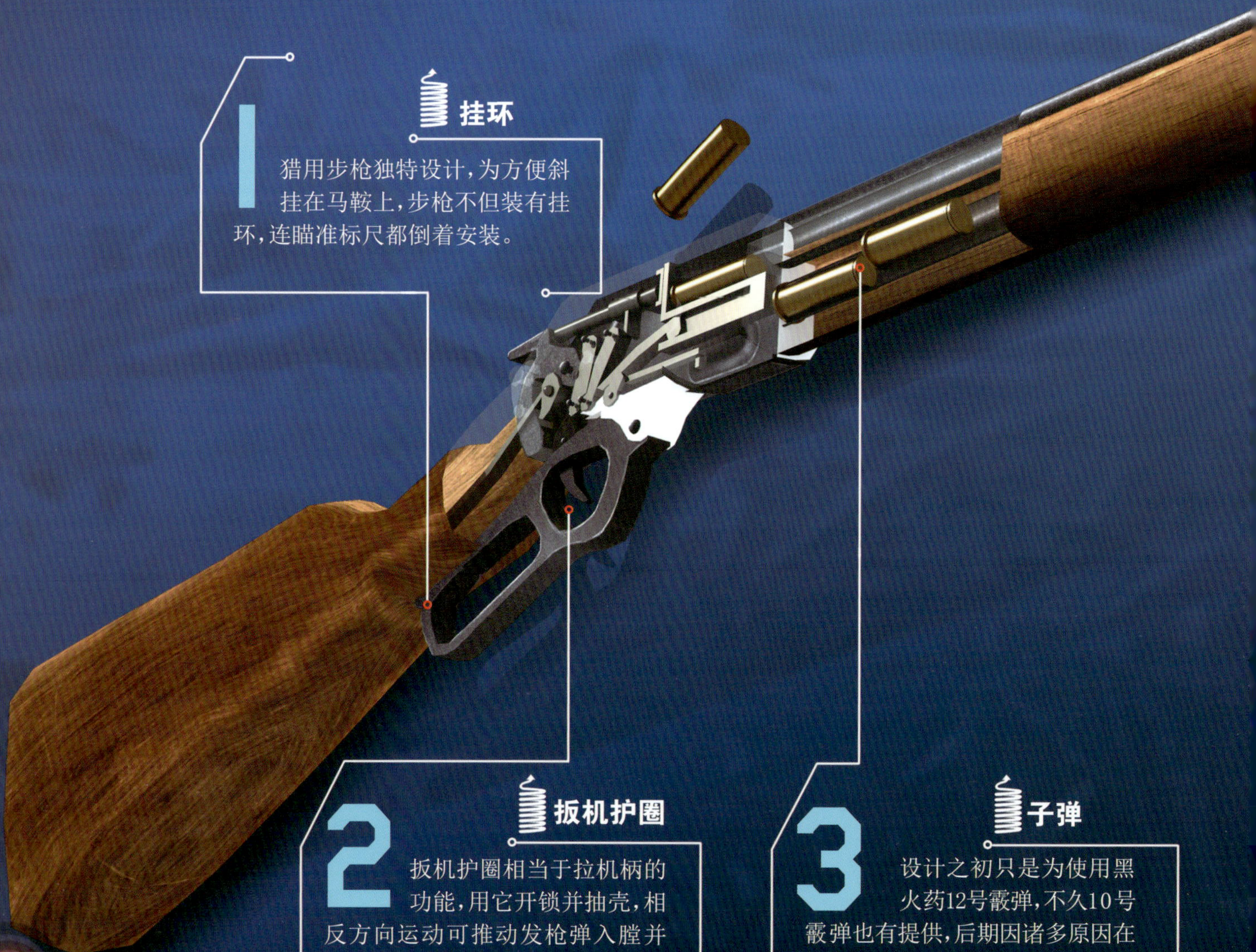

1 挂环

猎用步枪独特设计，为方便斜挂在马鞍上，步枪不但装有挂环，连瞄准标尺都倒着安装。

2 扳机护圈

扳机护圈相当于拉机柄的功能，用它开锁并抽壳，相反方向运动可推动发枪弹入膛并闭锁。

3 子弹

设计之初只是为使用黑火药12号霰弹，不久10号霰弹也有提供，后期因诸多原因在枪的改进中子弹又做了相应调整。

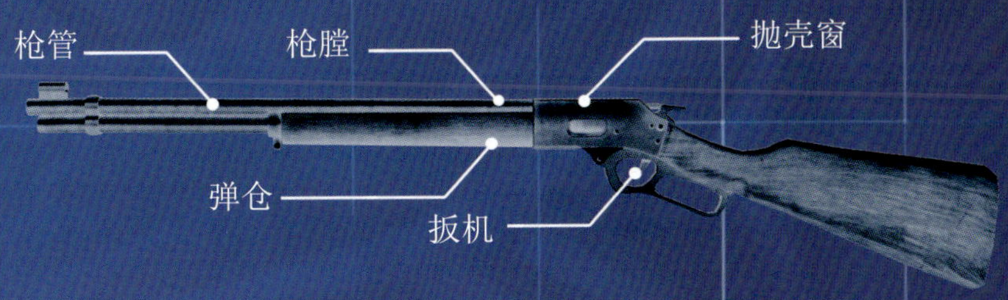

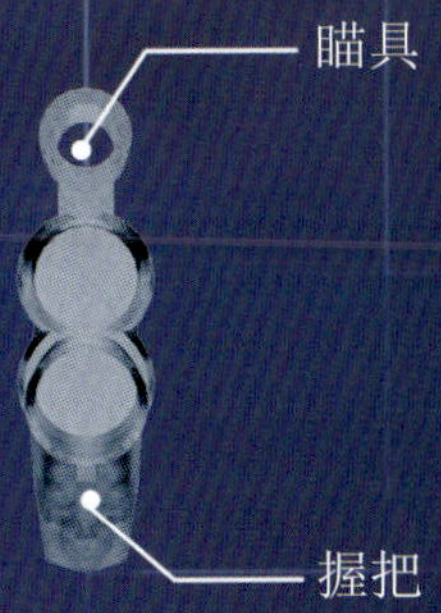

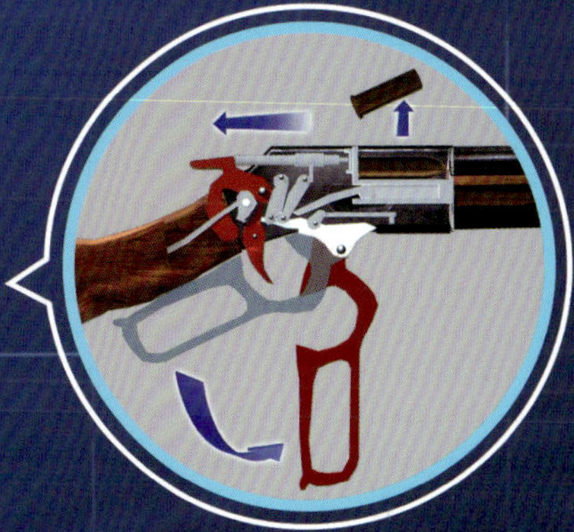

枪机内部的操作玄机

温彻斯特步枪内部杠杆式操作有什么玄机呢？温彻斯特是靠与扳机护圈相连的杠杆来回运动实现上膛、压倒击锤、退壳等动作。当推动杠杆时会带动一个齿轮转动，该齿轮能使取弹器、枪机、抽壳钩向后移动，取弹器衔出一发枪弹，抽壳钩抛壳后，杠杆、取弹器、枪机归位，取弹器衔住下一发枪弹做准备，枪机将枪弹顶入枪膛，扣动扳机，释放击锤击发枪弹。

温彻斯特 1907 型（半自动步枪）

- 使用黑火药
- 供弹5发或10发
- 枪管长510毫米

M1901（杠杆式霰弹枪）

- 使用黑火药
- 供弹6发
- 枪管长508毫米

供弹方式

温彻斯特步枪采用弹管供弹方式，管式弹仓位于枪管下方，装弹口位于机匣右侧，向弹仓内装弹时，从机匣右侧的装弹口将枪弹一发一发地塞入弹仓。弹仓内侧有弹簧片，弹簧片前端向内折弯，子弹装满后，弹簧片前端便抵在弹仓内最后一发弹的尾端，使弹仓内的枪弹可靠定位。弹管的容弹量取决于枪管长度，从6发到15发不等。

THE DUAL IDENTITY NAGANT

[双剑合璧] 莫辛－纳甘

MOSIN-NAGANT RIFLE IS DESIGNED BY TWO BROTHERS

莫辛–纳甘步枪是1891年采用了俄国陆军上尉谢尔盖·伊凡诺维奇·莫辛和比利时枪械师艾米尔·纳甘与李昂·纳甘两兄弟共同的设计后而投入生产的。莫辛–纳甘步枪的优点是易于生产，使用简单可靠，不需太多的维护，符合当时沙俄工业基础差、军队士兵素质低的实际状况。在“一战”、“二战”都有投入使用，甚至在日俄战争、越南战争、阿富汗战争中也都有它们活跃的身影。

M1891 步兵步枪（主要型号）

- 全枪长130.8厘米
- 枪管长800毫米
- 空枪重4.22千克

Dragoon 步枪（主要型号）

- 全枪长123.2厘米
- 枪管长730毫米
- 空枪重3.9千克

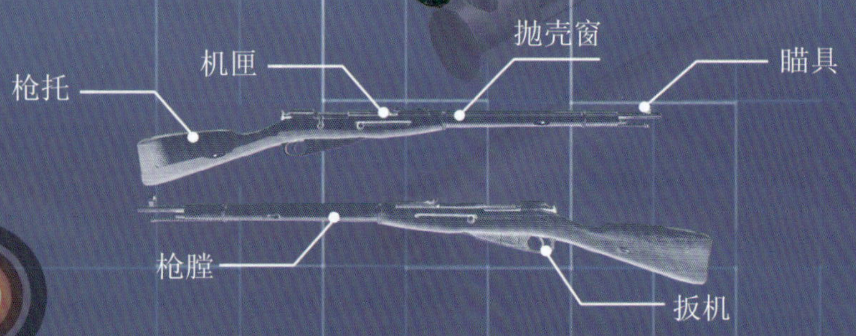

枪管箍

枪管箍是一种将枪管和上下护木固定在一起的金属环，会影响到枪支准确度。

2 隔断面器

因单排设计没有抱弹口，所以弹仓口上有一个隔断面器，用于枪弹上膛时隔开第二发子弹，避免出现上双弹故障。

3 手动保险装置

枪机尾部凸出的一个“小帽”，向后拉锁住击针，而向前推时会解脱保险状态，但操作时不太方便而且费力。

发射原理

该枪采用击针式击发原理，通过阻铁与机尾下方突起扣合，而形成待发状态。

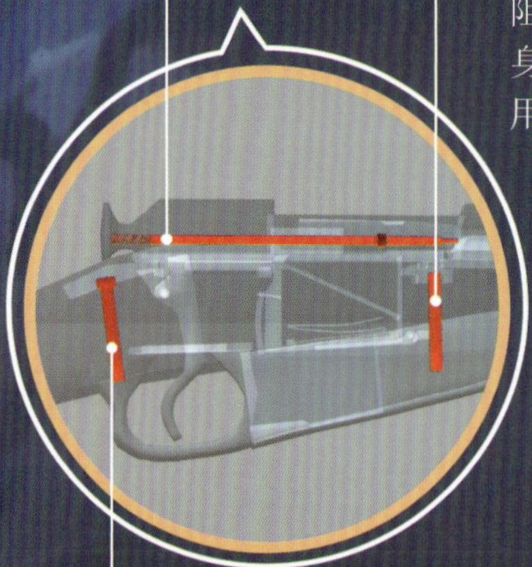

① 开锁后，击针处于待发状态。

② 松开扳机后，阻铁在其自身弹力的作用下上抬。

③ 扣压扳机之后阻铁下压与机尾下方突起脱离而击发。

莫辛－纳甘的渊源

为改进开一枪黑雾经久不散，即黑火药容易暴露枪手的弊端，1890年沙皇俄国面向社会招标。而比利时设计师纳甘两兄弟和俄国陆军上尉莫辛的样枪同时入选。决选时，军方出于实用考虑，偏爱纳甘设计，俄国政府顾及国家尊严，力主莫辛设计。双方僵持后决议，采用纳甘的供弹系统加莫辛的步枪外形。由此，这款传入我国后有“水连珠”美誉的莫辛-纳甘步枪就此诞生。

THE CRAZY SHOOTONG

[疯狂飓炮] MAUSER 毛瑟手枪

MAUSER PISTOL WAS WILDLY USED IN CHINESE ANCIENT TIME

毛瑟手枪，又称驳壳枪，在中国俗称“盒子炮”。毛瑟手枪是由德国毛瑟兵工厂于1896年推出的全自动手枪，该枪枪套是一个木制的盒子，故此得名“盒子炮”，因其性能优越而广泛流传于世界许多国家。据统计在中国起码曾有过40万把以上的盒子炮，占了毛瑟生产总数的三分之一以上，受欢迎程度可见一斑。

桥夹（毛瑟系列枪机使用过）

- 多采用全钢制造、镀镍处理
- 一般呈条形
- 装弹辅助工具

弹匣（毛瑟系列枪机使用过）

- 铁合金皮压制而成
- 可以拆卸的小盒
- 装弹辅助工具

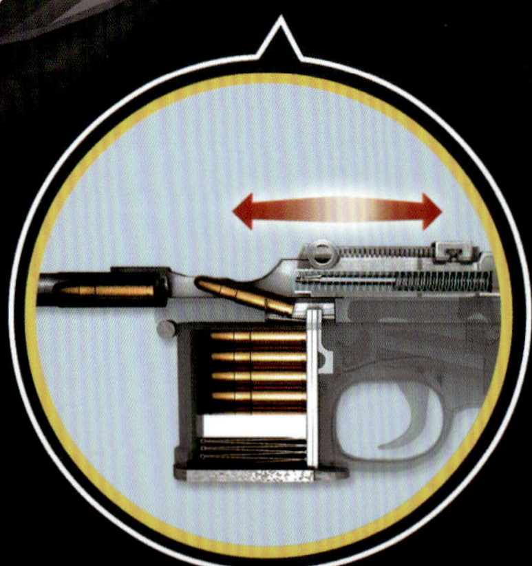

速射型的作业原理

如何使用“盒子炮”进行连续速射：当射手第一次拽拉枪机时，由机簧控制击铁，扳机下扣进行击发，击铁下压时，捕获钩扣住击铁，枪机因复进簧的作用，回到定位将滑套推回，推动捕获钩，击铁松开，再度击发。这样的设计是为了保证枪膛闭锁之后才击发。只要扣住扳机，枪机就会周而复始地不断击发，直到弹匣子弹打空为止。

2 击锤

采用回转击锤（击锤绕着一个轴打击击针，在击锤没有打开时，扣扳机可以把击锤打开）。

1 弹匣

容量一般有6发或10发固定弹匣，20发的为可拆卸弹夹，装弹操作的时候要从上面压入弹夹。

盒子炮的盒子机关

“盒子炮”采用短后坐力式原理。保险闭锁榫套位于滑套下方，前方卡入闭锁机组，上方嵌入枪机的两个凹槽。枪机击发时，后坐力使得枪管、滑套向后运动，此时枪膛仍然是在闭锁状态。由于闭锁机组上方的凹槽，迫使闭锁榫向后运动时，只能顺时针向下倾斜，因此脱出了枪机凹槽。

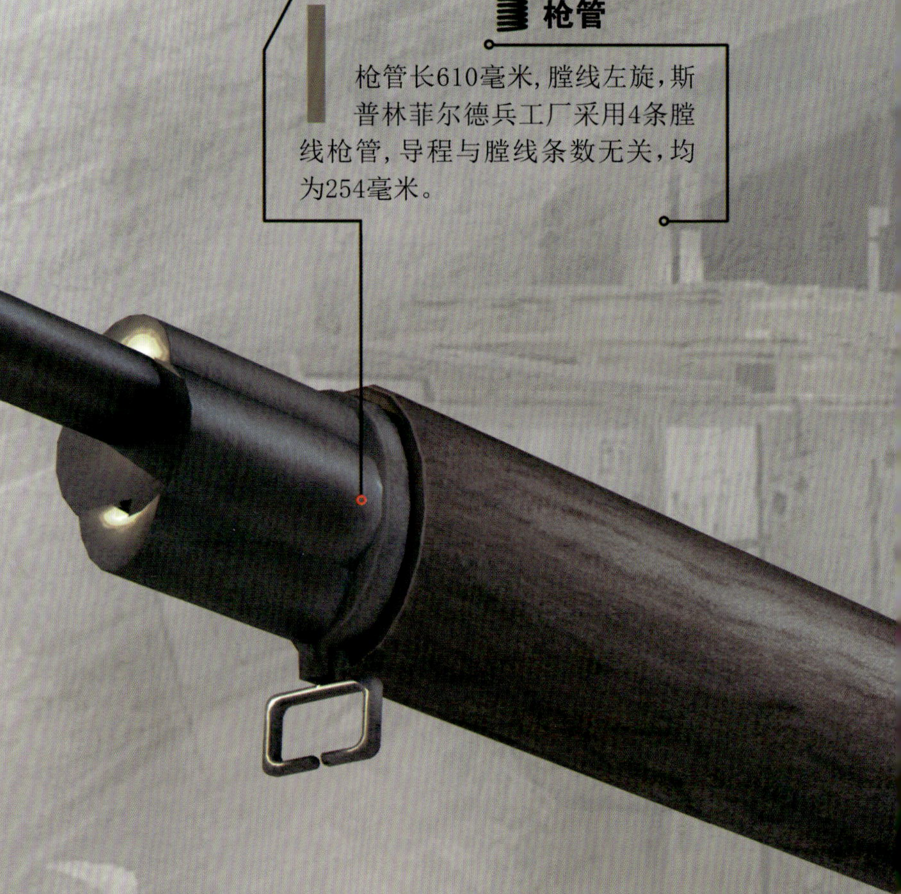

枪管

枪管长610毫米，膛线左旋，斯普林菲尔德兵工厂采用4条膛线枪管，导程与膛线条数无关，均为254毫米。

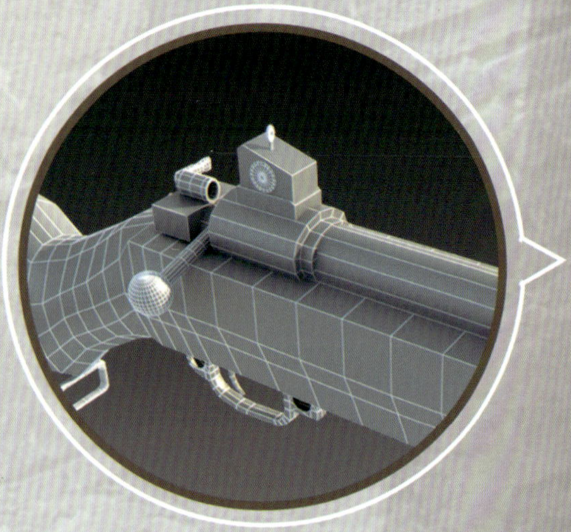

锥形尾部的实用性

M1903步枪的枪尾设计为锥形，锥顶角成45度。当枪弹进入弹膛时，弹壳外周没有被膛壁保护的部分，距离弹壳底部约3.8毫米，比M98步枪的2.6毫米稍长，无保护段较长，枪尾的强度会相对稍弱。那么，M1903步枪的无保护段是否危险？从雷明顿M700步枪的无保护部分约4毫米看，该枪射击时弹壳底部并没有发生漏气现象。

“一战”时期，由于M1903式步枪在当时参战数量上严重不足，美国将同样仿自德国毛瑟式步枪枪机的一种恩菲尔德步枪P-14命名为M1917式步枪用来补充战场，甚至装备M1917式步枪的战士比M1903式步枪的还多。战争结束后M1917式步枪被撤装，美军只保留了M1903式步枪作为制式步枪。该枪因其厂商而得名为斯普林菲尔德步枪，M1903式步枪成为美军制式装备的100年后，还有一部分仍在美国军队中服役。

THE CLASSIC

[百年经典] M1903 斯普林菲尔德

M1903 RIFLE IS STILL SERVED FOR AMERICAN MILITARY

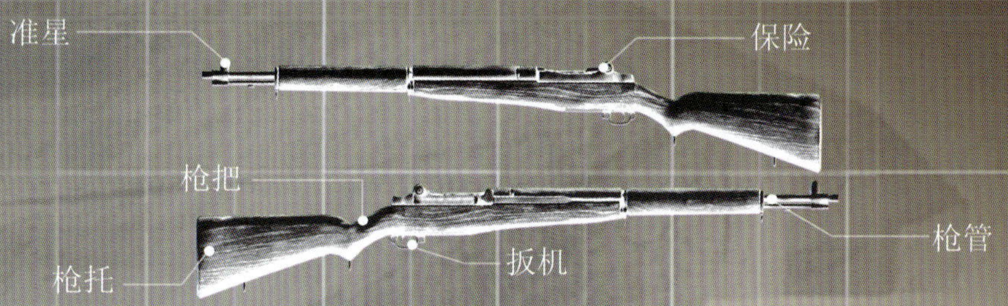

独特的“开关”设置

M1903步枪有一个非常独特的单发供弹装置，该装置位于机匣左侧面，操作块两侧分别设有“ON”“OFF”的显示标志，操作块向上扳，露出“ON”时为通常使用状态；操作块置于中间位置时为枪机解脱状态，可沿后方卸下枪机，往弹仓装弹；露出“OFF”时为弹仓供弹截断状态，在战场上遭遇敌人，射手将操作块置于上方“ON”位置，就可以实现快速射击。

M1903（原型）

- 1903年服役
- 配有杆式刺刀
- 滑动斜板式瞄准具

M1905(1905)(改进型)

- 1905年服役
- 改用匕首形刺刀
- 照门改装成为一种可收放标尺

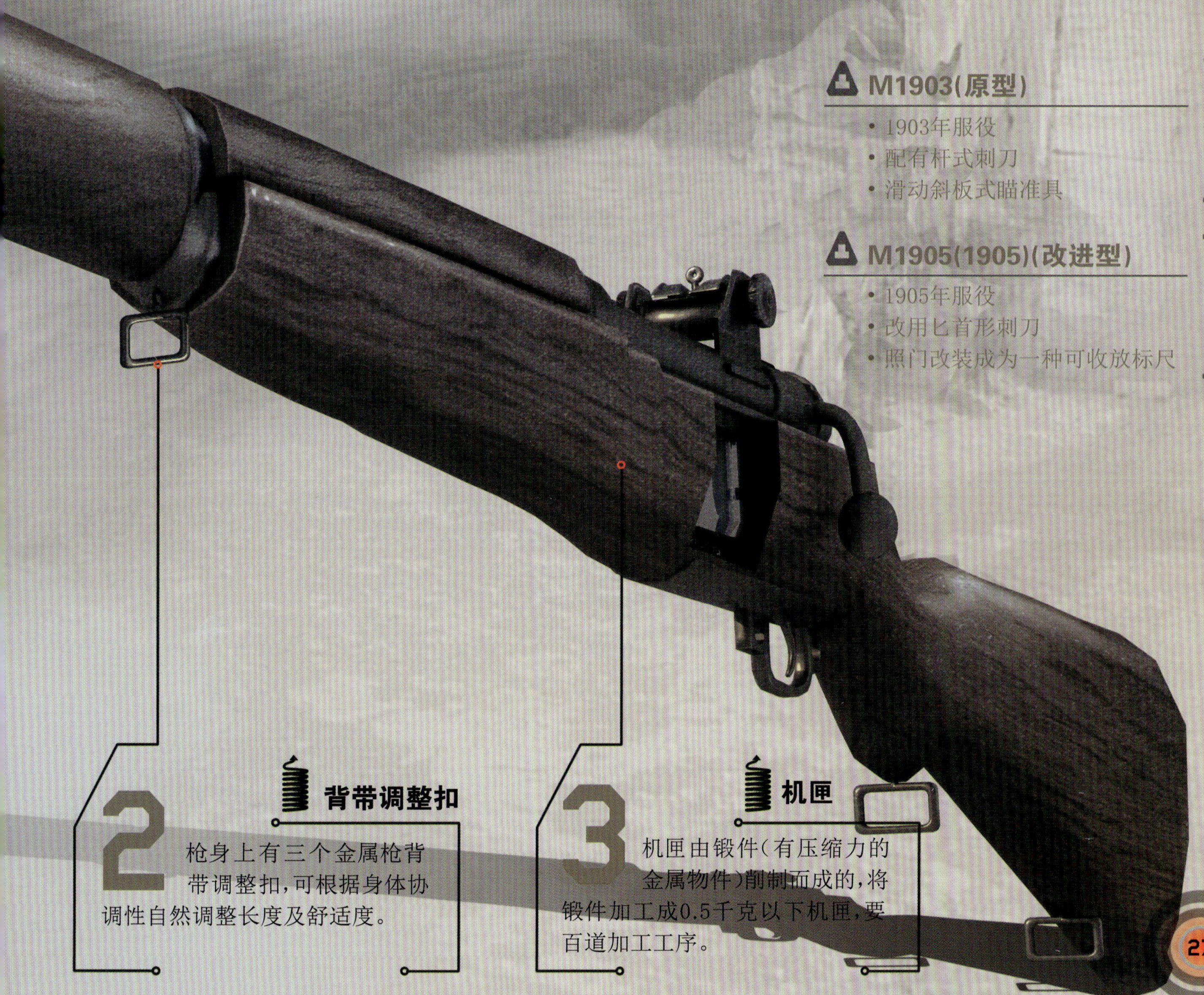

2 背带调整扣

枪身上有三个金属枪背带调整扣，可根据身体协调性自然调整长度及舒适度。

3 机匣

机匣由锻件（有压缩力的金属物件）削制而成的，将锻件加工成0.5千克以下机匣，要百道加工工序。

A SYMBOL OF JAPAN' S MILITARY

[日军象征] TYPE 38 三八式步枪

TYPE 38 RIFLE WAS DEVELOPED DURING RUSSO-JAPANESE WAR

由于日本三十式步枪在日俄战争时操作不良，在1907年，小石川炮兵工厂研究所进行了枪机的改良，改进后正式被军方采用为制式武器。三八式步枪在中国一直被俗称为“三八大盖”，该名是因为它特别的防尘盖以及机匣上刻有“三八式”字样而来。

三八大盖(原型)

- 口径6.5毫米
- 弹仓容量5发
- 全枪长128厘米

九九式步枪(改进型)

- 口径7.7毫米
- 弹仓容量5发
- 全枪长125.8厘米

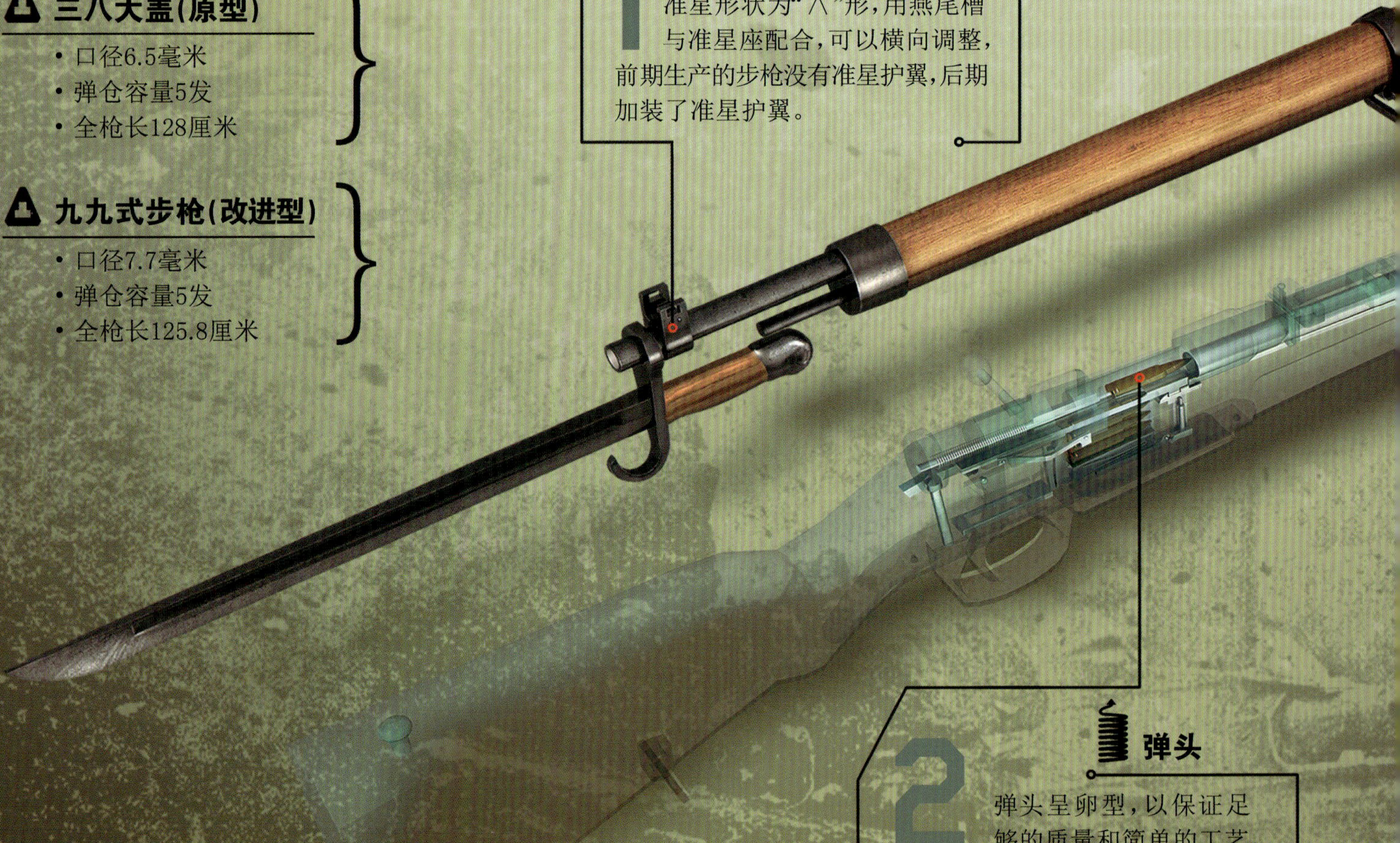

1 准星

准星形状为“∧”形，用燕尾槽与准星座配合，可以横向调整，前期生产的步枪没有准星护翼，后期加装了准星护翼。

2 弹头

弹头呈卵型，以保证足够的质量和简单的工艺，弹头的初速为762米每秒，在当时各式步枪中是最小的。

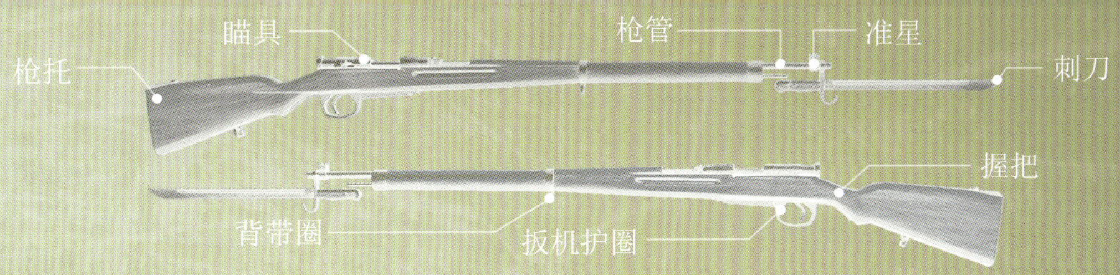

3 枪管

枪管为该枪的主要组成零件之一，枪管长769毫米，也是二战时期各种主战步枪中枪管最长者。

4 膛线

枪管内部有4条右旋膛线，为了追求射击精度，膛线导程确定为200毫米，这在当时各式步枪中是最小的。

觇孔照门

后期生产的“三八大盖”中，有的采用3个觇孔照门，目的是想利用觇孔照门以抵消瞄准误差，简化新兵的瞄准训练过程。但是，实践证明“三八大盖”上的觇孔照门间的距离过远，瞄准时并不方便，特别是在夜间瞄准更为困难，而且新的觇孔照门显然不如缺口照门使用方便。“三八大盖”改觇孔之举，不失为弄巧成拙。

CONTROLL FREEDOM

[自由掌握] RUGER 鲁格手枪

USING THE RUGER PISTOL TO LEAD THE WAY TO FREEDOM

美籍德国人比尔·鲁格从小爱好枪械与射击，他的性格中也沿袭了德国人的谨慎性，并拥有“武器维护自由”的信念。早在第一次世界大战前的1898年，鲁格借鉴博查特C-93的制作理念，设计了这款7.65毫米口径的鲁格手枪，1908年德国陆军开始使用毛瑟公司制造的鲁格手枪。鲁格手枪在“一战”中被盟军视为最珍贵的战利品，一直稳居军用半自动手枪的第一把交椅。

7.65 毫米帕拉贝鲁姆手枪弹

- 鲁格手枪两种口径适用枪弹之一
- 曾作为保加利亚等国的军用手枪弹
- 标准军用弹为6.02克全被甲圆头弹丸

9 毫米帕拉贝鲁姆手枪弹

- 鲁格手枪两种口径适用枪弹之一
- 最先配用于M1902鲁格手枪
- 可配于世界上绝大部分手枪和冲锋枪

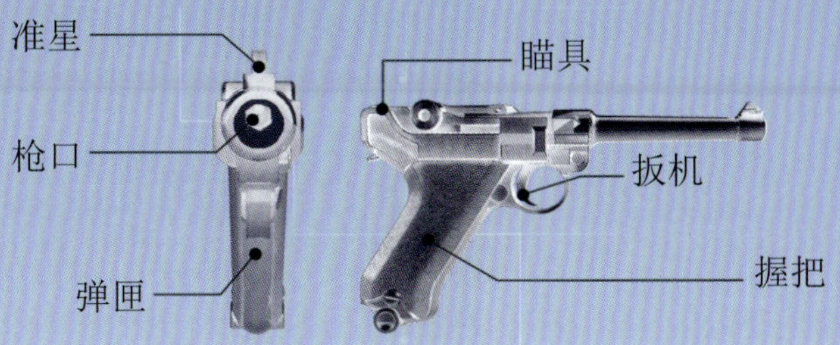

无懈可击的臂肘力量

鲁格手枪沿用了马克沁重机枪及温彻斯特杠杆式步枪的作业原理，最大的特色是它的肘节式闭锁机，非常类似人类的手肘的肘节式运动，伸直时可以抵抗很强的力量，一旦弯曲，就很容易继续收缩。

2 瞄准具

鲁格手枪可安装瞄准镜，还配备折叠式机械瞄准具，以备瞄准镜损坏时使用。

1 子弹

鲁格手枪的9×19毫米子弹，堪称历史上最成功、最被广为采用的手枪子弹。

3 握把

鲁格将所有的工作机件移到握把中，将博查特C-93的设计缩短了将近一半。

一对一的配比

鲁格手枪又叫自动装填手枪，是能自动装填弹药的单发手枪，即射手扣动一次扳机，只能发射一发枪弹。它通过火药气体带动枪机，推动套筒后退，完成抛壳和上膛两个动作，就算按动扳机的时间再长，也不会打出第二发子弹。

THE KING OF PISTOL

[手枪之王] M-1911 美国柯尔特手枪

AMERICAN COLT M-1911 WAS SERVED FOR ARMY ABOUT 74 YEARS

在1899年末，美军举行了自动装填手枪评选，柯尔特公司的约翰·勃朗宁设计的半自动参选手枪脱颖而出，于是诞生了M-1911，它在1913年成为美军的制式手枪，装备军队达74年之久。M-1911曾经是美军在战场上经常露脸的武器，由于其性能以及丰富的实战经验，对20世纪推出的其他手枪也产生了重大影响。

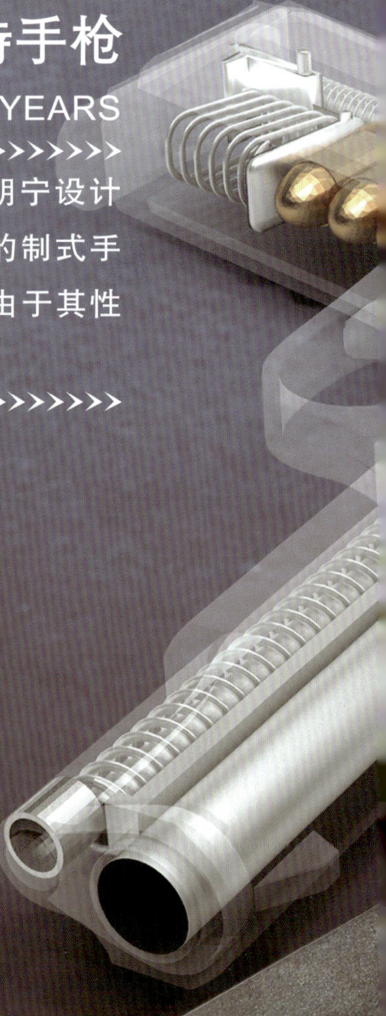

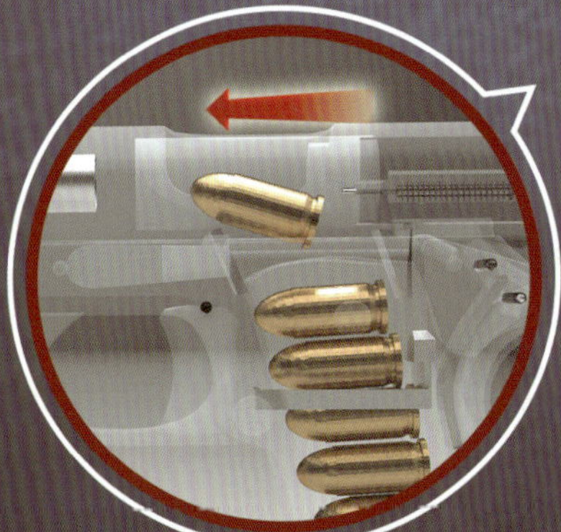

巴西仿制生产

- 巴西IMBEL公司仿制过多型M-1911式手枪
- 适合勤务用的手枪
- 仿制类似STI或SVI的大容量比赛手枪

以色列仿制生产

- 以色列轻武器公司仿制了3种M-1911式手枪
- M5000和M6000都是标准尺寸的12.7厘米型
- M7000是双排弹匣的大容量12.7厘米型

单发射击原理

M-1911采用单动发射机构，只能进行单发射击。其中，单发杆是一个杆状件，与阻铁装配在一起既可上下做直线运动，也可与阻铁绕轴回转。套筒复进到位后，单发杆上移进入套筒的缺口内，凸耳与阻铁啮合在一起，这时如果压紧握把保险并扣扳机，则可释放处于待击位的击锤将子弹击出。

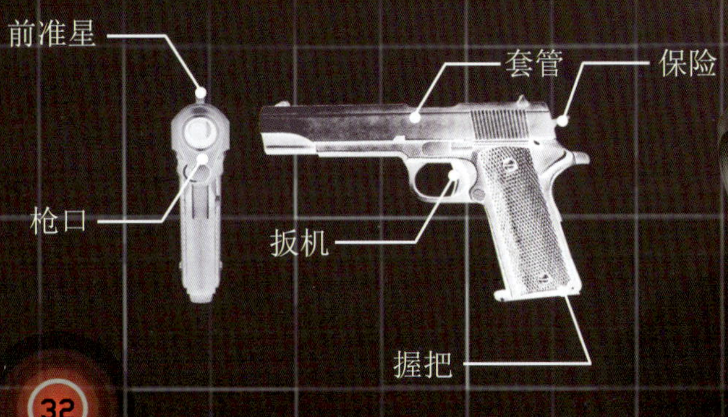

2 瞄具

帕特里奇瞄具，平头厚叶片准星和正方形或矩形缺口照门组成的瞄具，使射手在光照不良条件下也能迅速瞄准。

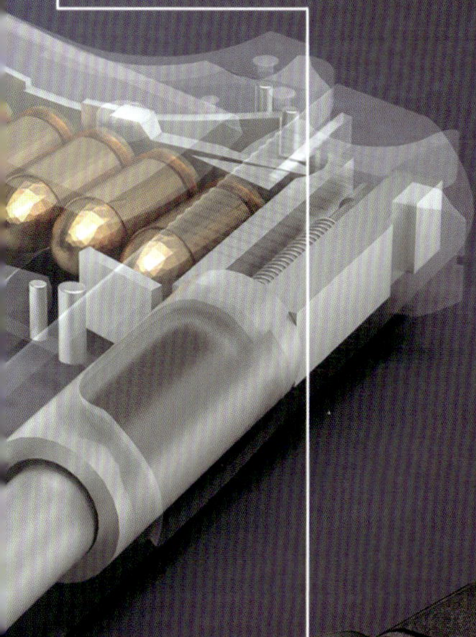

美国英雄在一战中险中求安

“一战”时，美国英雄阿尔文•约克等17名士兵由于大部队被德军机枪火力压制而被派遣到机枪的侧翼进行侦察，在交火过程中，敌军准备在他们步枪换弹过程中消灭他们，但敌军万万没想到，约克除了步枪外还携带了一把M-1911自动手枪，这支手枪不仅拯救了自己，也拯救了大部队，因此约克被晋升为军士并获得国会荣誉勋章。

1 保险

在弹簧弹力作用下，握把保险自动处于保险位置，握把保险凸齿抵在扳机连杆上，限制扳机连杆后移使其扣不到位。

3 握把

握把背部设计弓形拱起，表面增加防滑纹，使射手握持更牢固，而且改变了握把护板的网格防滑纹，使握持更舒适。

坦克杀手

德国PZB38反坦克步枪以其强大的穿透力和大口径的弹药著称，在第一次世界大战上就发挥了举足轻重的作用，以此成就了“坦克杀手”的称号。但是由于这种步枪只有经过训练的狙击手才能使用，这也使得普通士兵对这种枪械敬而远之。

2 闭锁

单发操作，采用楔门横动式闭锁机构，手持握把扣动扳机进行发射后，枪管后座带动凸轮机构完成枪机开锁。

1 枪托

PZB38枪托可以折叠使用，在操作过程中，如果不是经过专业训练的士兵，肩膀可能会因后坐力大而脱臼。

3 外挂弹夹

PZB38是单发步枪，在每次射击后均需要重新填装，因此在枪身外侧加装有外挂弹夹，容量为10颗，方便填装子弹。

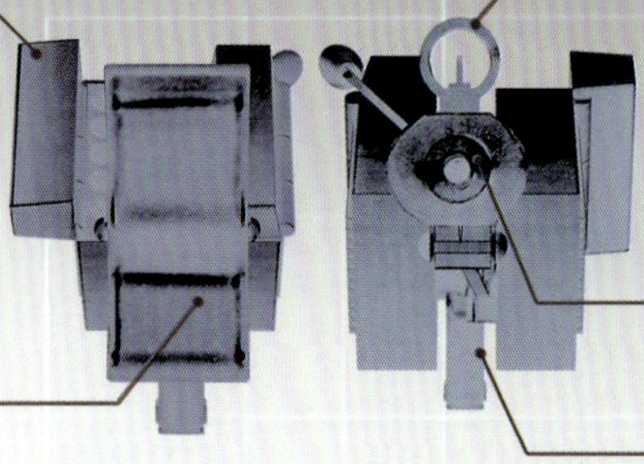

THE TANK KILLER

[坦克杀手] PZB38 反坦克步枪

PZB38 ANTI-TANK RIFLE CAN SEVERLY DEFEAT THE TANK

当第一种坦克和装甲战斗车辆在第一次世界大战出现时，反装甲武器却极为稀少，成为了当时战争中一种迫切的需要，这种情况直到莱茵金属公司生产出拥有更强大穿透力和高达150米射程的38型反坦克步枪才逐渐好转。PZB38型反坦克步枪主要应用于战争早期，这种武器结构复杂、造价昂贵、射击噪音巨大，但是对于早期战壕作战时的装甲车辆来说，着实构成了巨大的威胁。

强大的穿透力

PZB38反坦克步枪采用的是7.92毫米碳化钨芯穿甲弹，由弹心、前托、底托和闭气环组成。在枪膛内，底托包覆着弹心在火药燃气作用下沿枪管运动，使质量较轻的弹头获得很高的初速和转速。击发出枪口后，底托迅速脱落，弹心飞向目标，可以轻易穿透5~10毫米的装甲，在进行改进后甚至达到100米距离内穿透26毫米装甲的成绩。

弹心穿甲弹(PZB38适用枪弹)

- 对付其他坚固目标
- 使用在炸弹上
- 攻击军舰的防护装甲

穿甲燃烧弹(PZB38适用枪弹)

- 烧伤敌方有生力量
- 烧毁易燃的军事技术装备和设备
- 利用燃烧剂燃烧时烧伤目标

FIRST CHARGING

[第一冲锋] MP18冲锋枪

MP18 SUBMACHINE GUN IS REGARDED AS THE" BULLET INJECTOR"

第一次世界大战期间，为了配合突破堑壕的突击战术，需要近距离火力猛烈而又轻便可靠的单兵武器，而当时机枪太重，不适合单兵携带。于是在1918年德国生产了由著名武器设计师施曼塞尔设计的世界上第一支真正实用的冲锋枪，该枪采用自由枪机式原理，为能有效散热采用开膛待击。MP18冲锋枪被德军突击队的士兵贴切地称为"子弹喷射器"。

瞄准装置

MP18瞄准装置的后瞄具采用L型翻折式结构，上面带有两个V形槽照门，分别适用瞄准100米和200米的距离。

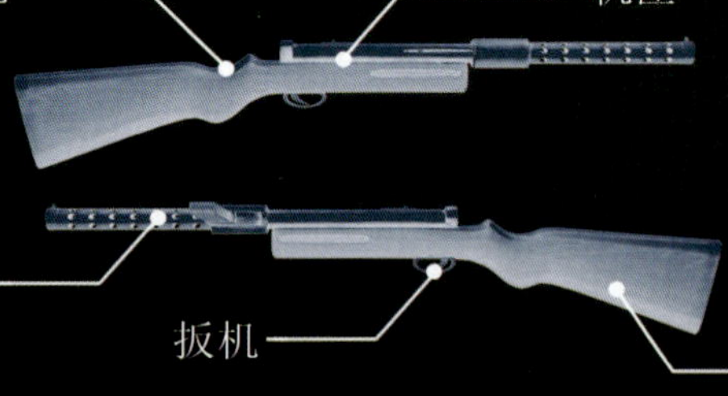

2 弹簧

枪机在燃气的能量耗尽后，在弹簧的作用下向前复位，同时将下一发子弹顶入枪膛并击发。

弹匣(MP18 供弹方式)

- 直型
- 横插在枪身左侧的弹匣供弹
- 枪身轴线和弹鼓供弹槽轴线的夹角成90度

弹鼓(MP18 供弹方式)

- 蜗牛型
- 通常士兵都只装填28发子弹
- 枪身轴线和弹鼓供弹槽轴线的夹角成55度

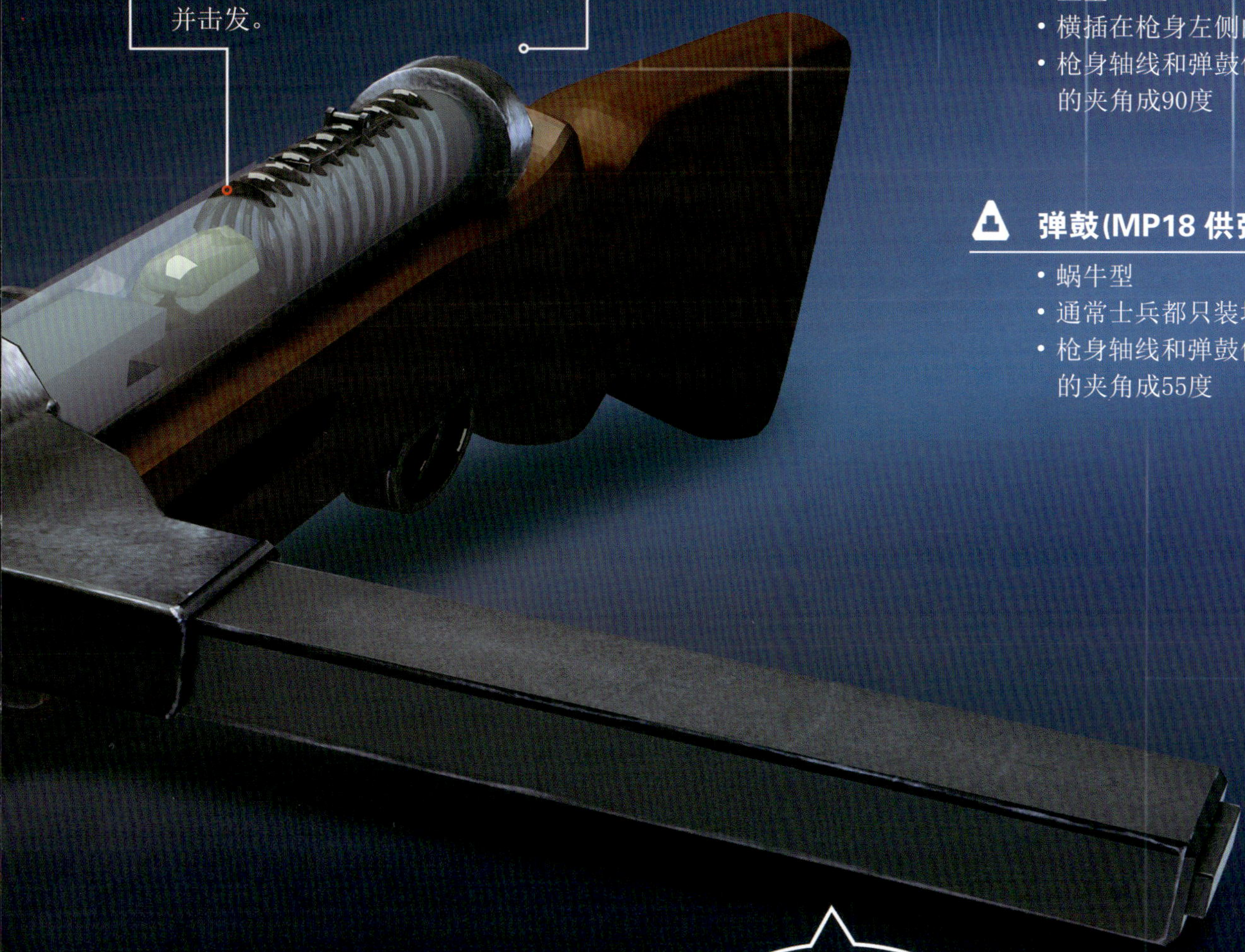

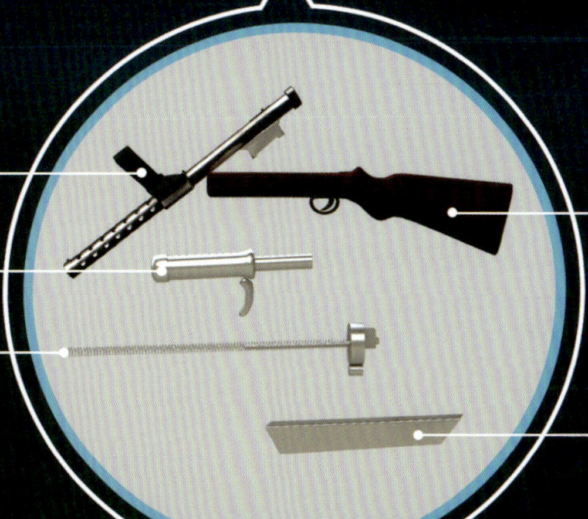

5 大部件构一个王牌

世界上几乎没有哪支冲锋枪的击发结构比MP18冲锋枪的简单。MP18冲锋枪只有5大部件，分别为枪机组件、枪身组件、弹匣组件、枪托组件以及枪管组件。如果不计螺钉的数量，MP18冲锋枪只有37个零件。该枪采用自由枪机原理，只能进行连发发射，而一体式的大质量枪机有利于节约加工成本。

OBTAIN YOUR LIFE

[夺命敲击] THOMPSON 汤普森冲锋枪

THE LAST SHOOTING OF THOMPSON SUBMACHINE GUN

一战爆发后，美国汤普森将军的设计小组针对勃朗宁自动步枪面对堑壕和铁丝网间的作战性能很弱，转而采用了自由枪机结构设计并装备11.43毫米直弹筒的大威力手枪弹的一款新枪，且为了与使用步枪弹药的机枪区别开来，汤普森创造了“submachine gun”即冲锋枪这一术语，最后此枪更名为“汤普森冲锋枪”。虽然当时有其他武器亦有类似的想法，但汤普森仍是第一款被贴上“冲锋枪”标签的武器。

M1928A1(衍生型号)

- 半自由枪机式工作原理
- 枪机上有一个H形延迟后坐块
- 拉机柄位于机匣上部

M1(衍生型号)

- 自由枪机式工作原理
- 枪机上没有H形块枪机延迟机构
- 拉机柄位于机匣右侧

护木

M1928A1取消了前握把，并采用护木设计，不仅减轻了机枪重量，同时也可更好地保护了延迟闭锁活塞。

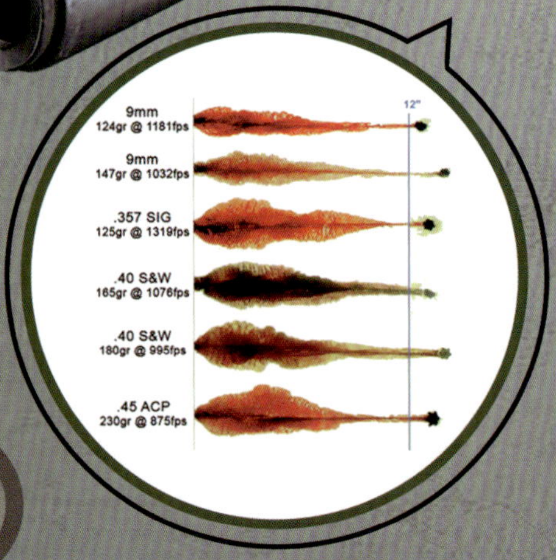

大威力手枪弹功不可没

汤普森冲锋枪采用的是自由枪机结构，如果使用步枪弹则击发时会发生枪机过早打开、弹壳爆裂的故障，若选择手枪弹，作为机枪威力又太小，因此设计小组选用了11.43毫米的大威力手枪弹取得了令人意外的满意效果，也成就了今天火力威猛的汤普森冲锋枪。

2 枪管

环形钢圈为散热槽，下面为护木，M1921则采用的木制前握把。

3 瞄具

采用机械瞄准具，片状准星侧立在枪口上，觇孔照门带有翻转式标尺。

传说中的“黑帮小提琴”

汤普森冲锋枪的设计在当时有些超前，保守的美国军方并没有意识到它的战争潜力，但由于其短小精悍、火力凶猛而深受黑道青睐，成为匪徒的标准装备。因为拆下木托和弹鼓后可以方便藏进小提琴盒里，所以将其称为“芝加哥小提琴”。

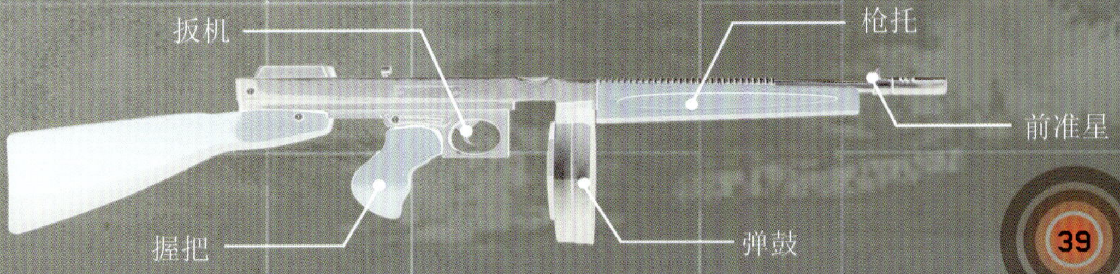

更换枪管

由于MG34属于持续性射击的机枪，枪管容易过热所以更换枪管也很必要。

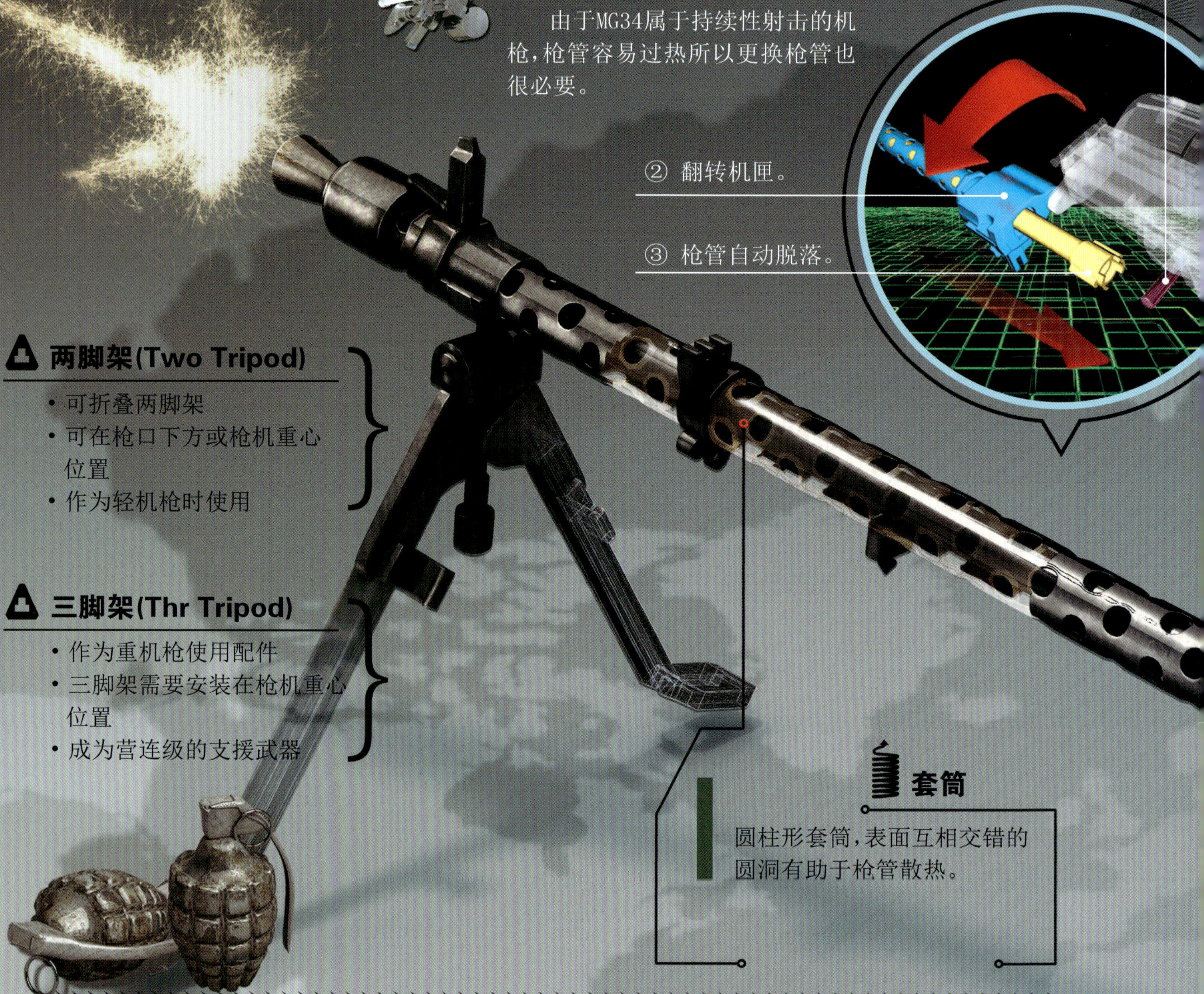

两脚架(Two Tripod)

- 可折叠两脚架
- 可在枪口下方或枪机重心位置
- 作为轻机枪时使用

三脚架(Thr Tripod)

- 作为重机枪使用配件
- 三脚架需要安装在枪机重心位置
- 成为营连级的支援武器

套筒

圆柱形套筒，表面互相交错的圆洞有助于枪管散热。

由于“一战”后的德国受到《凡尔赛条约》的限制不能制造重型武器，而纳粹德国为配合闪电战急需重武器的支援，于是轻重两用的通用机枪成为“二战”时德国军队的不二选择。德国毛瑟公司海因里希·沃尔默在莱茵金属推出的MG30机枪的基础上，将原有的弹匣供弹改为弹链供弹，加入枪管套且提高射速到每分钟800发~900发。使其成为在两脚架上可做轻机枪，三脚架上可做重机枪的通用机枪鼻祖。MG34在推出后立即成为德军的主要武器，轻而易举地撕开了对手的一道道防线。

NAZI'S WEAPON

[纳粹屠刀] MG34 通用机枪

MG34 GENERAL MACHINE CUN WAS USED BY GERMANS DURING WWII

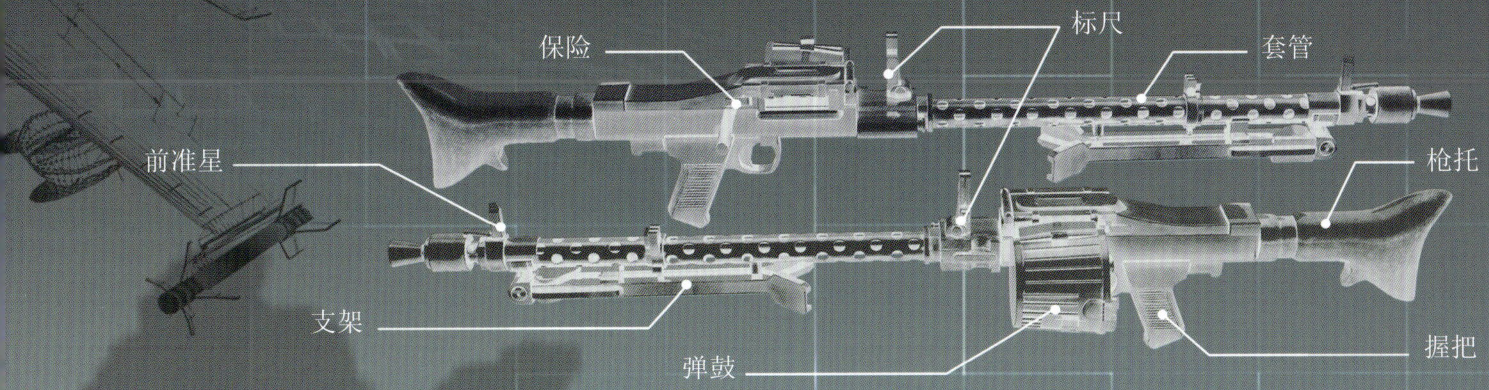

2 弹鼓

子弹容量为50发的弹链盒，内部子弹呈螺旋状排列，是一个无卷簧和托弹机构的壳体，充分减轻了弹鼓的重量。

在使用弹鼓供弹时，由于MG34没有卷簧和托弹机构，只需压下弹鼓卡笋拉出弹链，在枪机左侧插入输弹口，首发子弹被拨弹滑板上的三个拨弹齿抓住即可。使用弹鼓供弹方法，可以减少弹链供弹长度，有更换快、携带方便等特点。用悬挂安装弹鼓的方式可减轻士兵移动负重，增强士兵行动的灵活性，在战争中起到了很大的作用。

纳粹德国的经典设计

3 扳机

设计独特的双半圆型扳机，上半圆的“E”字是半自动模式，下半圆的“D”字是没有按压式保险的全自动模式。

4 复进簧

可以阻缓枪栓向后移动，并利用弹簧力的平稳往复运动，使枪机复进，完成击发、抛壳等一系列动作。

KILLED QUICKLY

[精湛速灭] M-1 加兰德

M-1 GARAND RIFLE IS A RELIABLE AND DURABLE WEAPON

美国军队历来对单兵火力重视有加，1920年设计师约翰·坎特厄斯·加兰德开始设计一款新型半自动步枪，经过一系列对比、试验，1936年才正式定型命名为M-1加兰德步枪，由于它的弹匣容量为8发，所以在中国一直被俗称为“大八粒”。M-1加兰德在实战中被证明是一种可靠、耐用的步枪。美国著名的巴顿将军评价它是“曾经出现过的最了不起的战斗武器”。

各大兵工厂之间的争夺战

从美国1941年参加“二战”后，M-1加兰德步枪产量就开始猛增，到1945年为止，春田和温彻斯特两家兵工厂共生产了超过400万支。1950年朝鲜战争爆发后，又有60万支M-1步枪被生产出来，直到1957年它被M14式步枪取代时，M-1步枪总产量已超过500万支。

护手

木制枪托护木延伸至枪管中心，有一木制护手掩盖在枪管上，护手向前延伸只露出三分之一长度的枪管。

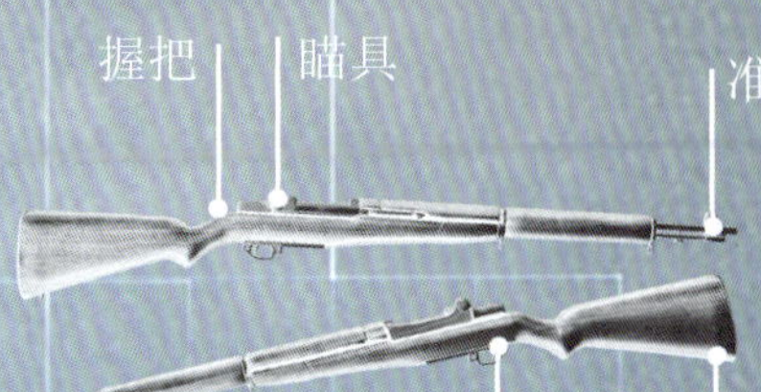

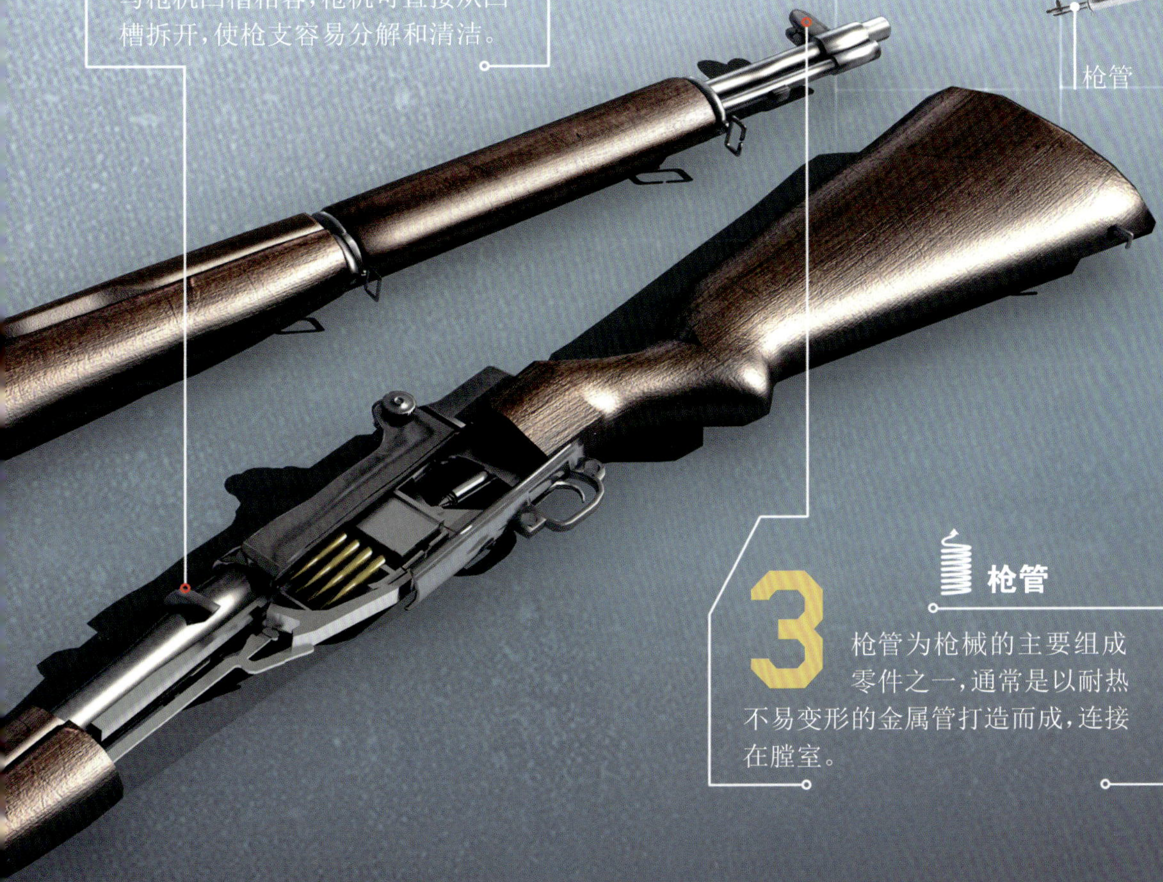

2 凹槽

闭锁式枪机的两片前向推杆位于枪膛之后，扭转后可与枪机凹槽相容，枪机可直接从凹槽拆开，使枪支容易分解和清洁。

3 枪管

枪管为枪械的主要组成零件之一，通常是以耐热不易变形的金属管打造而成，连接在膛室。

M1D(M-1 狙击型)

- 装有改良的机匣
- 瞄准镜座在枪管衬套的左侧
- 安装的是M84瞄准镜

M1C(M-1 狙击型)

- 装有M2消焰器
- 镜架固定在机匣左侧
- 安装的是M82瞄准镜

双排的漏弹夹

M-1加兰德步枪的供弹方式很有特色，装有双排8发子弹的钢制漏弹夹，由机匣上方压入弹仓。当最后一发子弹射击完毕时，枪空仓挂机，弹夹会被退夹器自动弹出弹仓，还会发出声响，提醒士兵重新装子弹。弹夹有双圆开口和单开口两种，双圆开口弹夹上下都可以装入子弹，单开口弹夹只能开口向上装入子弹。

采用“受约束供弹”技术

毛瑟98K步枪具有结实、厚重的爪式拉壳钩，能在枪弹一离开弹仓时就立即抓住弹壳底缘，并牢固地控制住枪弹直到抛壳为止，这项技术被称为“受约束供弹”，是保罗·毛瑟在1892年时的重要发明，由于拉壳钩并不随枪机一起旋转，因而避免了出现上双弹的故障。

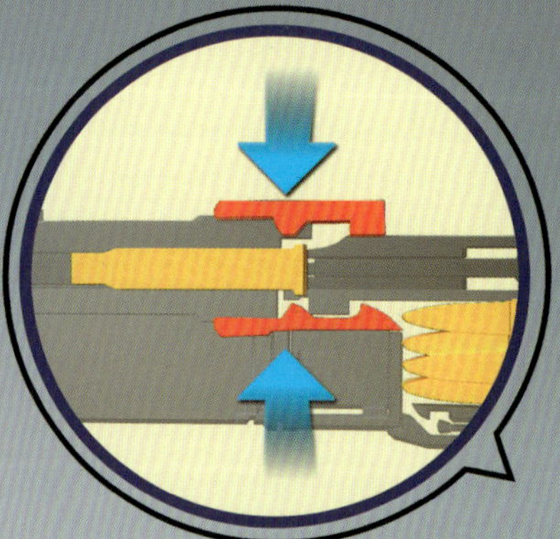

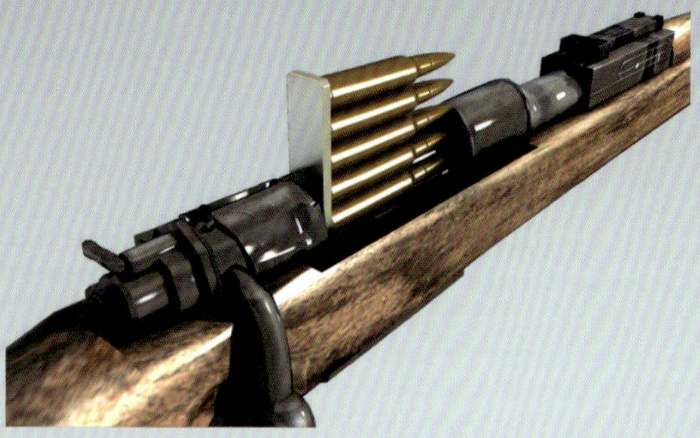

5发子弹填满弹仓

毛瑟98K步枪的供弹系统是一个内置的双排弹仓，在这个弹仓内子弹交错排列，而它的底部弹仓是可以拆下的，以便必要时更换弹仓弹簧。射手在装填子弹时，可以进行单发装填，即打开枪机，将单发子弹装入弹仓；也可以使用一次性的弹夹。每一个弹夹装填5发子弹，正好将弹仓填满。

扣环

毛瑟98K只有一个前部扣环。取代后部扣环的是在枪托上的孔，背带可以从孔中穿入。

20世纪30年代，纳粹德国重整军备，根据毛瑟步枪标准型以及98B或卡宾枪的特点，将枪管缩短到与标准型步枪同样的600毫米，并保留经典的毛瑟式旋转后拉式枪机。此枪于1935年正式成为纳粹德国的制式步枪，该枪除了具有标准毛瑟步枪的特征外，自身独特的优势也占尽锋芒，将毛瑟手动步枪特点发展到了极致。

THE EXCELLENT MANUAL RIFLE

[手动极致] 98K

毛瑟 98K 步枪

GERMAN MAUSER 98K RIFLE GIVES A FULL PLAY IN THE WAR

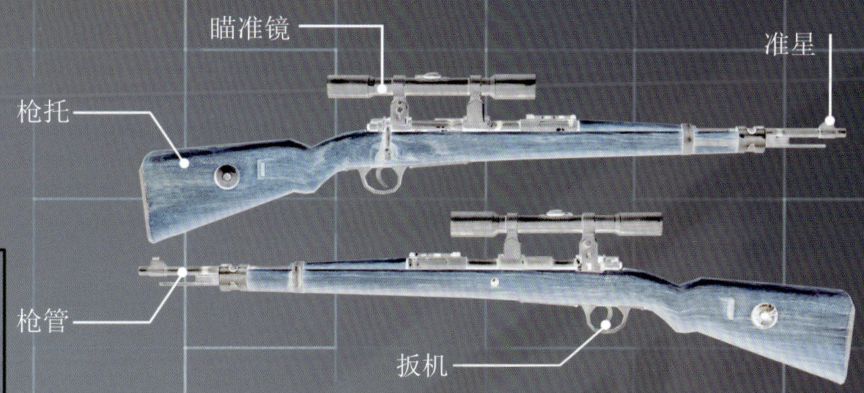

2 枪机组件

枪机有两个闭锁齿，都位于枪机顶部。这种系统有助于使步枪获得更好的精确度。

毛瑟 98K 步枪（制式手动步枪）

- 全枪长110厘米
- 枪管长600毫米
- 空枪3.9千克

Gew.98 式步枪（制式手动步枪）

- 全枪长125厘米
- 枪管长740毫米
- 空枪4.2千克

3 退壳装置

当弹头离开弹仓后，长而不旋转的抽壳钩能够立即抓住弹壳底缘，牢牢地控制住弹壳，直到弹壳抛出为止。

THE SYMBOL OF NAZI

[纳粹旗帜] MP40冲锋枪

MP40 SUBMACHINE GUN WAS OFFICIALLY SERVED IN 1938

在战争期间简化生产工艺以及降低生产成本一直是军方考虑的主要问题,“二战”中被广泛使用的MP38冲锋枪依然无法满足德军的要求。于是改进自MP38,使用9毫米口径手枪弹,由直型的32发弹匣供弹的MP40冲锋枪在这样严苛的条件下被研发生产,于1938年正式装备部队。值得一提的是手持MP40冲锋枪的德国士兵,已经成为第二次世界大战中德国纳粹军人的象征。

MP40(二战优良冲锋枪)

- 操作全自动
- 9×19毫米巴拉贝鲁姆手枪弹
- 弹匣容量32发

Stg44(二战优良冲锋枪)

- 操作全自动
- 7.92×33毫米库尔兹弹
- 弹匣容量30发

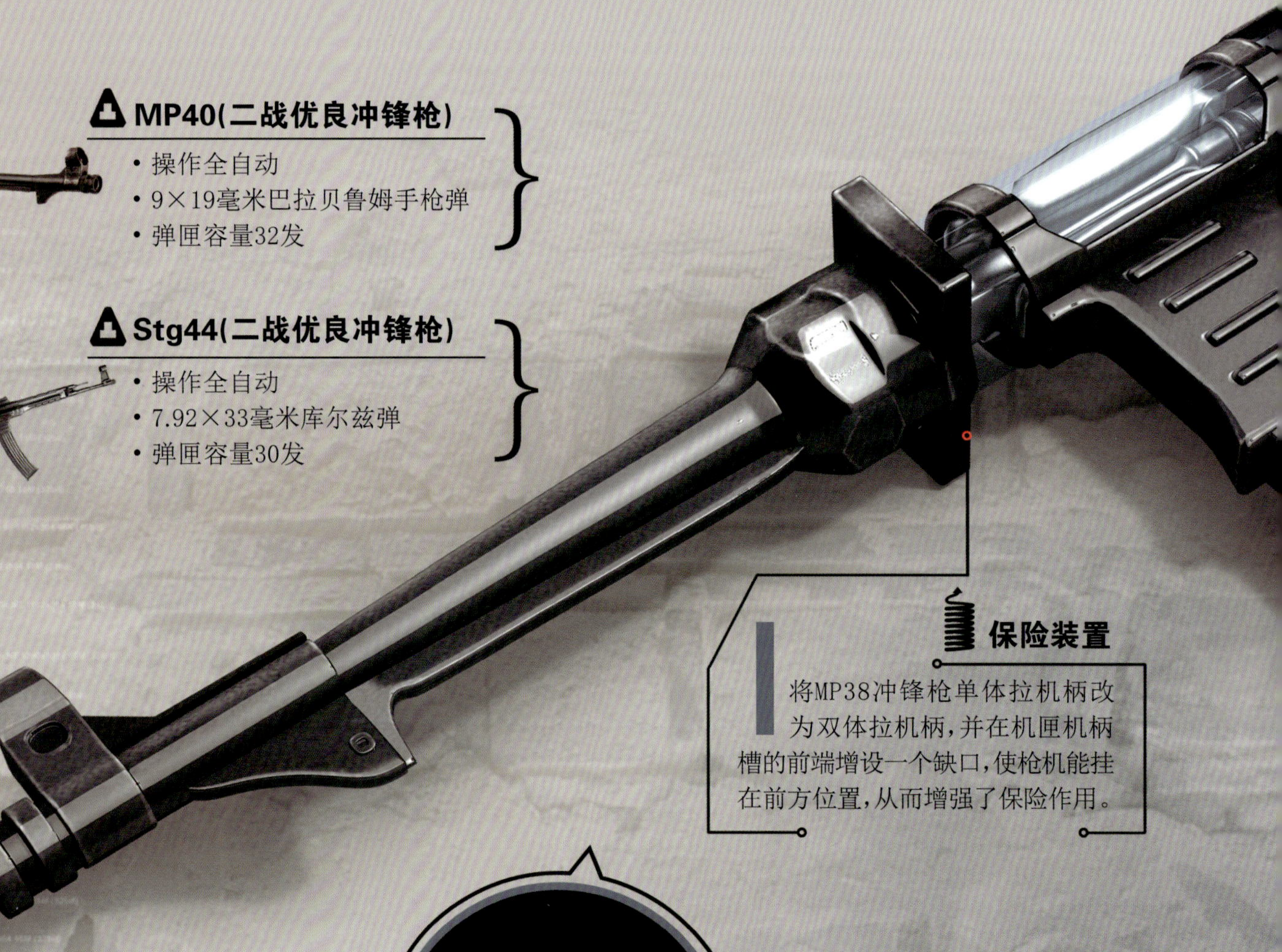

保险装置

将MP38冲锋枪单体拉机柄改为双体拉机柄,并在机匣机柄槽的前端增设一个缺口,使枪机能挂在前方位置,从而增强了保险作用。

子弹上膛

MP40的射击动作是全自动的,瞄准目标后扣下扳机即开始射击,松开扳机射击就会停止。

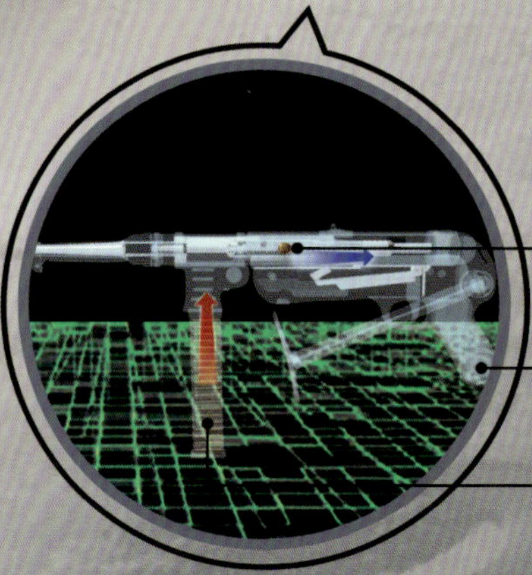

① 左手将手拉柄后拉,然后放开。

② 枪口指向前方,右手握把。

③ 手拉柄在前,插入弹夹。

3 枪管座

枪管座为钩状形状，可在装甲车的射孔向外射击时钩住车体，避免因后坐力或者车辆颠簸使枪管退回到车体内。

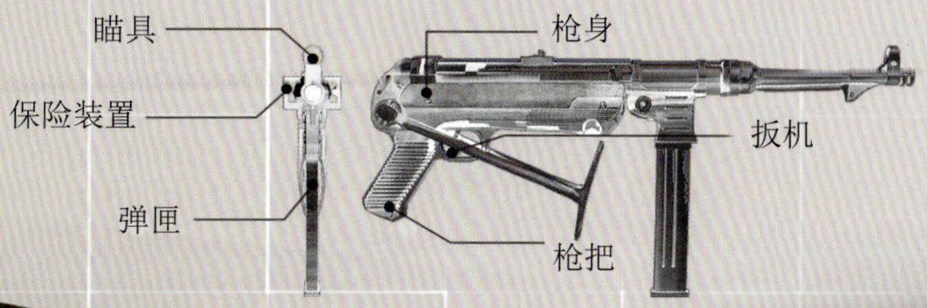

自由枪机式为MP40的工作原理，该枪使用9毫米口径帕拉贝鲁姆手枪弹，MP40的射速较低也是因为射击精确的原因

纳粹德国的“三节棍”

2 枪托

枪托是可以折叠的，向前折叠到机匣下方，使整个枪身缩小至62厘米。

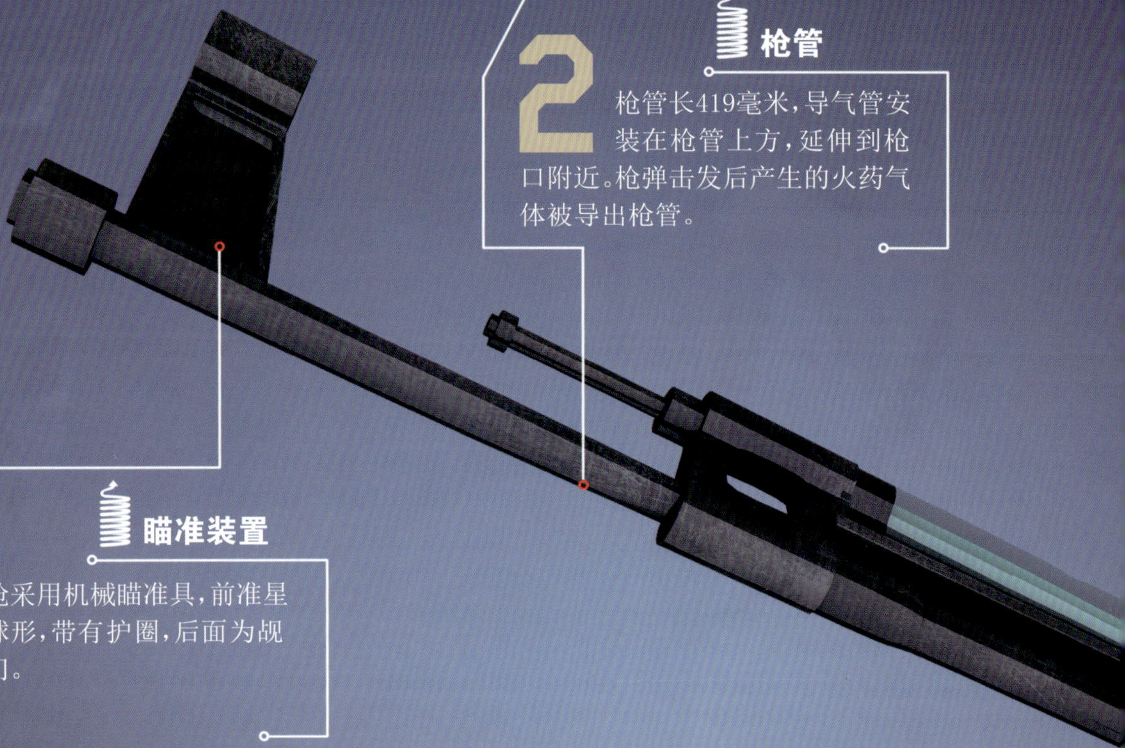

2 枪管

枪管长419毫米，导气管安装在枪管上方，延伸到枪口附近。枪弹击发后产生的火药气体被导出枪管。

1 瞄准装置

该枪采用机械瞄准具，前准星为球形，带有护圈，后面为觇孔式照门。

400 米之内射杀

StG44在近距离射速较慢，因为使用短弹会在连续射击时枪身有明显跳动，不如冲锋枪那样容易控制。StG44的最大有效射程不超过500米，超过这个距离就无法保证精度，如果在很远距离遭遇手持毛瑟步枪的敌人，是很难杀伤对方的。StG44并不是一款全能的武器，主要应用于单兵手中对付400米之内的敌人，压制敌人单兵的火力。

“一战”远距壕沟战已成历史，但是在以近距离城镇战为主的“二战”时期，多数军队装备的武器还停留在有效射程超过600米、标尺射程1500米的步枪。就在这时，德国著名轻武器设计师雨果·施迈瑟设计了一款最先使用短药筒的中间型威力枪弹并大规模装备军队的自动步枪——StG44。该枪是历史上的首支突击步枪，它的存在弥补了射程150~400米的火力空档，是一款具有划时代意义的突击步枪。

THE BLANK ASSASSINATION

[空白暗杀] StG44 突击步枪

StG44 RIFLE IS THE FIRST ASSAULT RIFLE IN THE WORLD

AK-47 抄袭的设计思想

1944年秋天，德军士兵第一次大量装备了StG44，使敌人对其留下了深刻印象。之后，苏联很快就研制出了使用中间型威力枪弹的自动步枪——闻名世界的AK-47突击步枪，有人认为AK-47设计是借鉴了StG44，其实两者结构完全不同，相同的是设计思想。

3 弹匣

采用容量为30发的弧形弹匣，重量适中，单兵可以大量携带，能够很好保证火力的持续性。

MP43(原型)

- 射程超过600米
- 射速500发每分
- 装有30发子弹的弧形弹匣

Stg44(改进型)

- 射程350米~500米
- 射速550发每分
- 装有30发子弹的弧形弹匣

4 握把

握把是组件，前部向下凹，类似鱼尾形，仅仅作为木制件螺接在机匣上，没有它也不影响枪的功能。

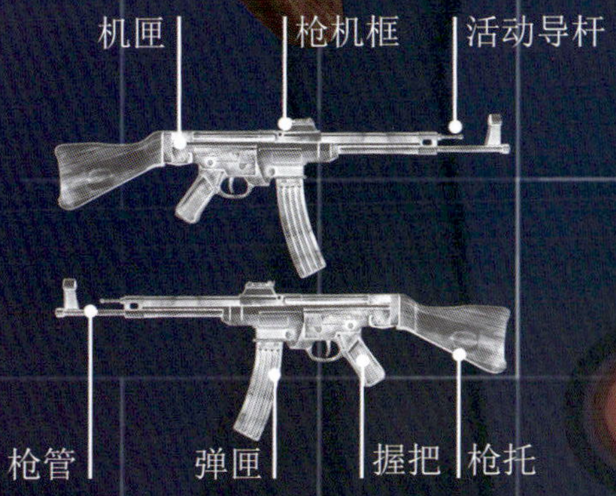

THE TERRIFYING SAW

[深恐电锯] MG42通用机枪

MG42 MACHINE GUN CAN BEHAVE AN EXTREMELY FAST SHOOTING

“二战”时纳粹德国金属冲压专家格鲁诺夫博士对MG34进行了多项重要的研发改进之后使MG42诞生，它最大的特点就是射速极快，可达到1200发每分钟，而且适应性强，无论在零下四十度的苏联，还是长满低矮灌木丛林的诺曼底，又或是烈日炎炎的沙漠之国北非，MG42都是盟军士兵的噩梦！被称为“希特勒的电锯”，令人望而生畏。

2 扳机

只要扣下扳机就是一批子弹被发射，即使是有经验的射手扣一下扳机也会有3~5发子弹飞奔而出。

1 枪托

保留放置左手的空间，射手右肩抵住枪托底之后，左手可以压住枪托，防止枪托在射击时因为反冲作用而滑脱肩窝。

瞄准装置

采用机械瞄准具，标尺是弧形的，准星分为前准星与后准星。

① 准星、照门向后下压收起。

② 照门根据标尺对准目标。

3 套筒

与MG34的圆形截面不同的是，MG42套筒为矩形截面，表面有一些椭圆形散热孔，右侧有一个长方形开槽用于拆卸枪管。

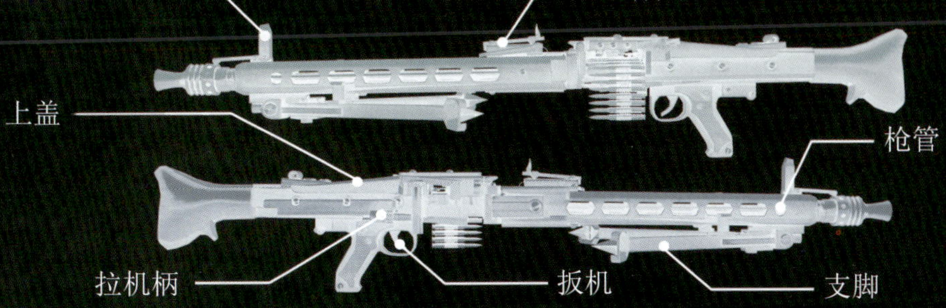

死神的声音

盟军士兵对MG42最为刻骨的印象，就是它的枪声，MG42每分钟可发射1200发子弹，而机枪射速每分钟超过1000发以后，人就无法分辨单个枪声，MG42射击声不像其他枪声是"哒……"或者"啪……"，而是发出类似高速转动的电锯的"嗤嗤"声，也有士兵形容这种声音像撕开大片亚麻布的声音，对于他们来说，这个声音就如同死神的声音。

MG42(原型)

- 滚轴式枪机
- 射速达200~1500发每分
- 枪重11.05千克

MG42(衍生型)

- 延迟反冲枪机
- 射速达350发每分
- 枪重9千克

2 防尘盖

防尘盖为手动式结构，防尘盖内侧的突起有固定枪机的保险作用。

1 接套

枪管是通过接套固定在机匣前端的，接套外周刻有防滑纹路，在没有专用工具的情况下可直接用手转动接套，从而卸下枪管。

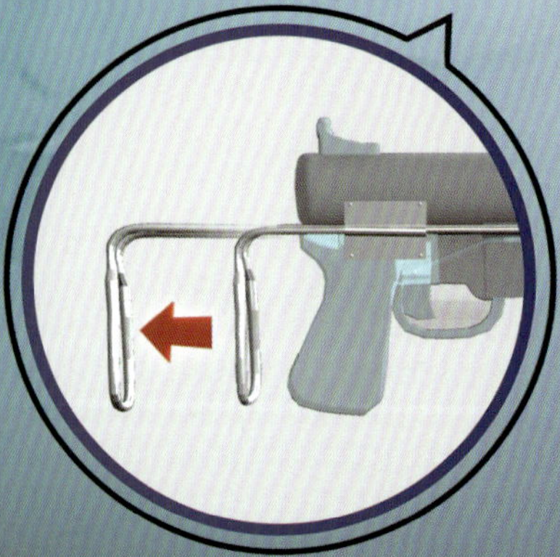

“L”型的拉机柄内构

M3的弹匣在枪右侧，在后方部位装有操作枪机使其向后运动用的拉机柄，拉机柄是旋转式结构，向后转动时，就会使拉机柄内的“L”型传动杆推动枪机向后退。M3的后端装有用粗钢条弯成型的伸缩式枪托，设有横穿枪后段的枪托固定销，可在拉出和缩回两个位置上起到固定主枪托的作用。

3 机匣

机匣是由冲压成型的左右各半个机匣焊接成一体而成型的，复进簧、枪机等零部件全部是从机匣前方装入的。

THE KING OF "WASHING SPRAY GUN"

[黄油枪王] M3冲锋枪

M3 SUBMACHINE GUN IS FAVORED BY AMERICAN SOLDIERS

1941年美军兵器委员会迫于德国MP40冲锋枪和英国斯登冲锋枪的压力，提出对新型冲锋枪的要求，要求采用全金属枪身，可在只转换少数零件后使用.45口径的自动手枪子弹或是9毫米鲁格弹，由此开发出新型冲锋枪M3冲锋枪。由于M3的外型像是替汽车打润滑油的润滑油枪，俗称“黄油枪”。M3冲锋枪采用冲压件和焊接工艺，刚投入实战后，便得到了美军士兵们的青睐。

M3(原型)

- 拉机柄装在M3右侧
- 没有枪弹装填器
- 枪重3.63千克

M3A1(改进型)

- 取消了拉机柄
- 具备了枪弹装填器
- 枪重5.5千克

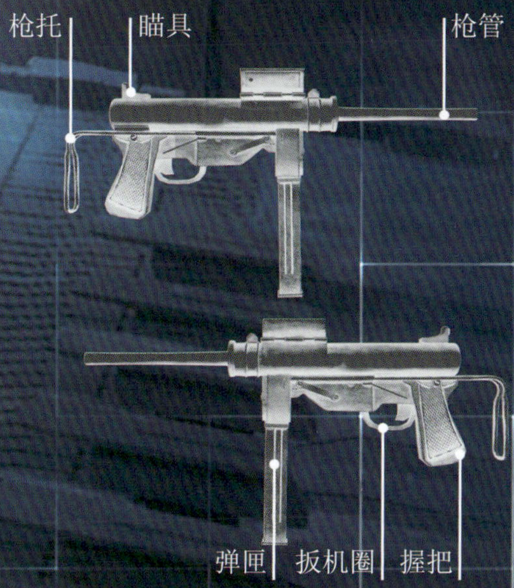

COLD WEAPON

[冰冷渗透] SG-43重机枪

SOVIET SG-43 MACHINE GUN NOW IS POINTING AT YOU

第二次世界大战爆发时，苏联还在使用过时的马克沁水冷式重机枪，面对突如其来的战争，苏联红军显得有些措手不及。枪械大师郭留诺夫临危受命，于1943年成功研制出一款主要用来杀伤集结目标或对付低空飞行目标的重机枪，取代了马克沁M1910水冷式机枪，成为火力补充武器。“二战”将要结束时，苏军又将SG-43 重机枪改进成SGM重机枪。

捷格加廖夫轮式枪架

- 可变换成高射枪架
- 轮式枪架
- 适于在平坦地形上机动作战

西多连科-马利诺夫斯基枪架

- 可变换成高射枪架
- 框型枪架
- 适于在不平坦地面上架枪射击

能推的战争利器

由于SG-43重机枪的体积比轻机枪要大得多，如：特制的枪管、比步枪子弹大一号的重机枪弹等，所以SG-43重机枪在使用时要将枪机安装在三脚架、轮式射架或车辆上。射手在发射时，上掐保险片解脱保险，向前推动扳机，扳机通过扳机托座迫使阻铁杆上抬，阻铁突笋便脱离扣合孔，枪机框在复进簧力作用下，向前复进打击枪弹而完成击发。

2 车轮

因为有轮架辅助射击，在战地中优势明显，左右两个轮子可以实现机枪的转向功能，对机枪有支撑和辅助射击作用。

1 口径

口径不是枪管直径，只是一种规格，该枪的口径为7.62毫米，能发射M1908R型带底缘枪弹。

3 击铁

枪机框上击铁起到类似手枪“击锤”作用，击铁利用复进簧能量撞击击针来击发枪弹，但击针不带击针簧。

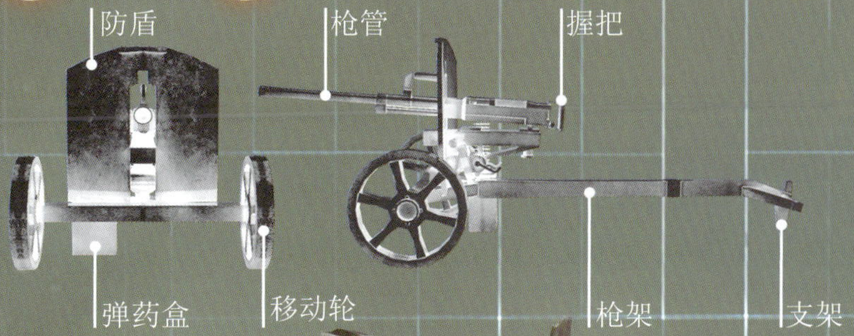

4 锥形钉架

轮式枪架尾部有一个锥形的尖锐支架，能够嵌进土里或者固定地面，可以在射击时固定车体，有助于平衡瞄准。

抗美援朝的战利品

抗美援朝时期，我志愿军使用的重机枪装备基本都是SG-43重机枪。在很多抗美援朝电影中，每到战斗的关键时刻，志愿军战士就会拉出一挺带着两个轮子的机枪，敌人像被割倒的麦子一样倒在枪口喷出长长的火舌之下。因此在20世纪70年代出生的孩子心目中，带轮子的战场利器就是SG-43重机枪！

AK-47(原型)

- 口径7.62毫米
- 弹匣容量30发
- 有效射程300米

AK-74(改进型)

- 口径5.45毫米
- 弹匣容量30发
- 有效射程400米

枪口补偿器

枪口补偿器的作用是减小枪口上跳，AK-47使用的是多功能膛口装置，具有枪口制动、后坐补偿和消焰的功能。

膛线翻滚效应

AK-47在枪体前方的枪管内部都有膛线，膛线的口径与弹头口径大小会存在一定的数差，在子弹发射后，弹头在膛线内部环绕形成翻滚效应，子弹出膛后的动能会大幅度增加，既增加了射击距离，也可以很大程度地增加弹头的破坏性。

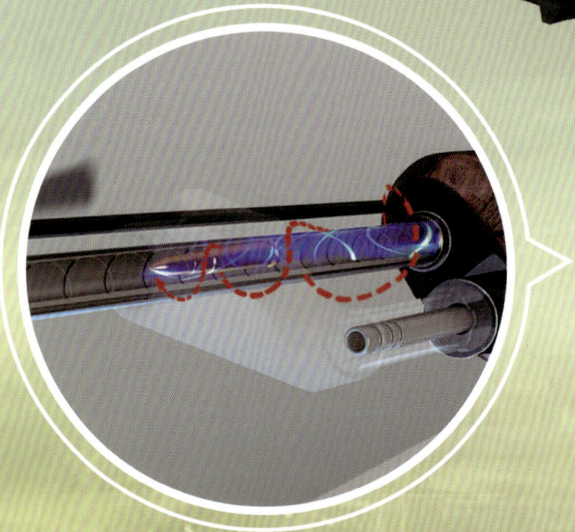

AK-47 为何被称作“世界枪王”

AK-47之所以被称为“世界枪王”是因为除了它制作工艺简单、造价低廉、容易操作、勤务性好之外，更在于它的耐用度和适应性。该枪在沙漠、雨林、严寒等恶劣的环境下都可以保持相当好的性能。据说在越南战争中把它放入水中一段时间拿出来上膛后仍能射击，甚至有美军在战场作战时抛弃了娇贵的M16而捡起俘获的AK-47作战。

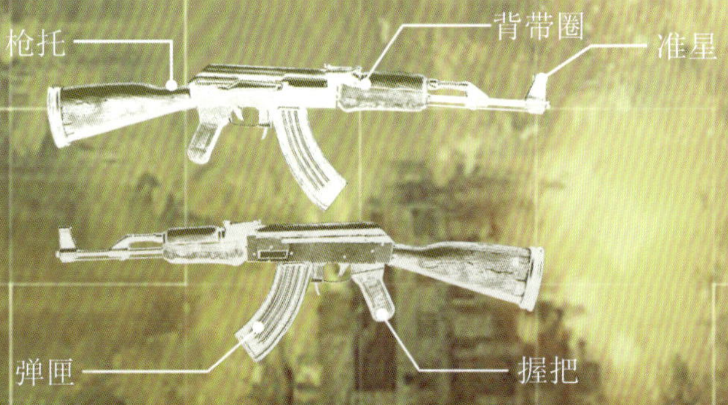

THE KING OF THE GUN

[世界枪王] AK-47突击步枪

AK-47 GUN IS ACTIVE IN THE STAGE OF THE WORLD'S WAR

在第二次世界大战的钢铁洪流中，更快更强的突击步枪被研发出来，使战后一支枪族新星诞生，他就是苏联AK-47式突击步枪。该枪自诞生，以稳定、可靠、性价比高闻名于世。1949年，AK-47正式装备苏军，从此活跃于世界战争舞台之上，成为一代名枪。20世纪60年代，世界上有六十多个国家装备AK系列。在轻武器发展史上只有马克沁、毛瑟和勃朗宁等枪系能和它一较高下。

2 快慢机

快慢机柄位于枪体最上方时，下突出部顶住单发阻铁后突出部和扳机后端突出部右侧，以实现保险作用。

双动式驱动

雷明顿870系列管式弹仓位于枪管下部，采用双动式结构，内部击锤设计。

③ 弹壳从机匣右侧排出。

① 枪管内延长式枪机闭锁。

② 底部装弹。

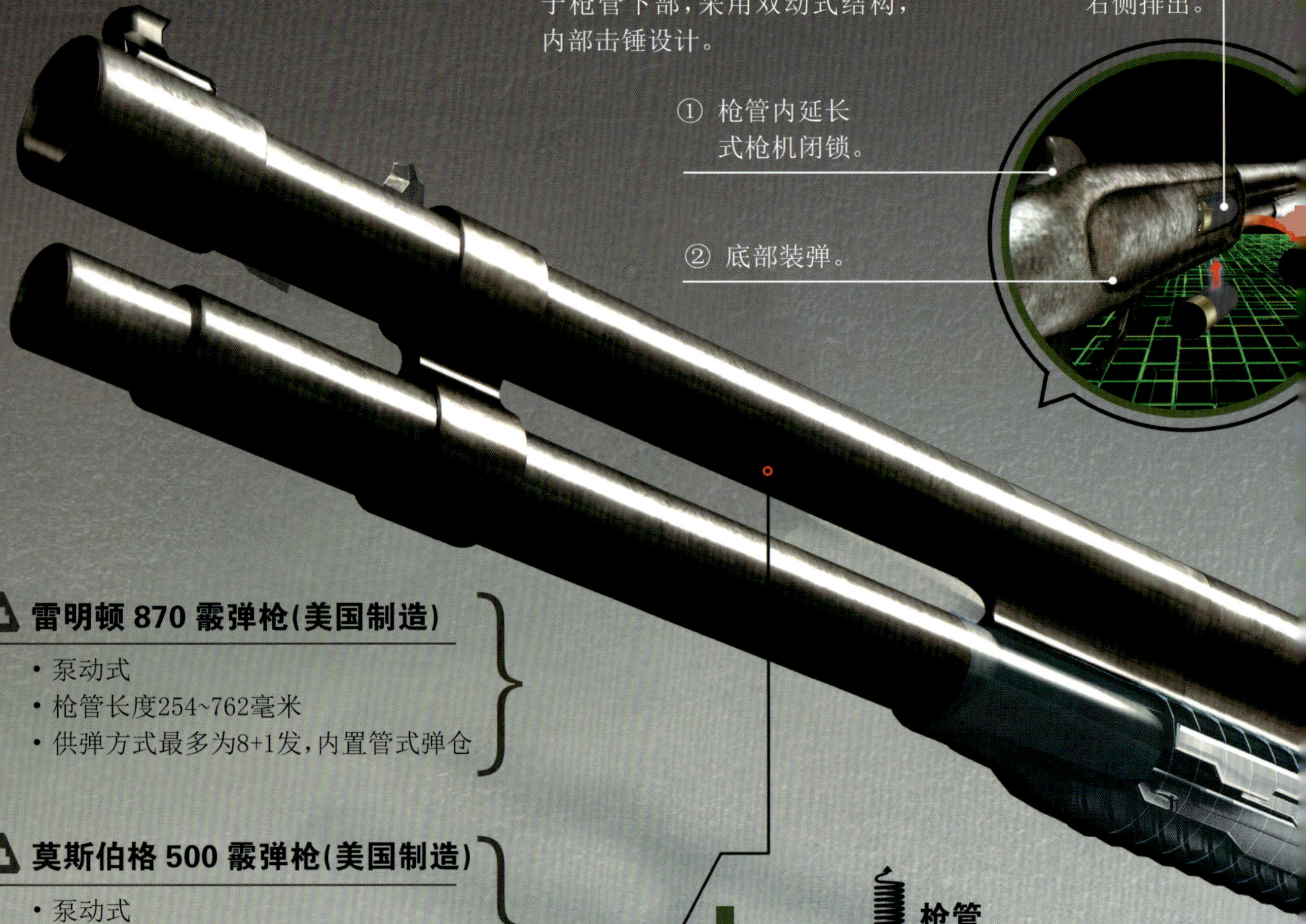

雷明顿 870 霰弹枪(美国制造)

- 泵动式
- 枪管长度254~762毫米
- 供弹方式最多为8+1发，内置管式弹仓

莫斯伯格 500 霰弹枪(美国制造)

- 泵动式
- 枪管长度355.6~762毫米
- 供弹方式最多为8+1发，内置管式弹仓

枪管

采用滑膛枪管，枪管有多种长度，可在几分钟内更换枪管，枪管口部一般带有珠状准星，有的型号甚至不设机械瞄具。

20世纪50年代雷明顿公司迫于温彻斯特12型和伊萨卡37型霰弹枪等强大竞争对手的市场压力，于是推出一款用于狩猎、家庭防卫的泵动式霰弹枪——雷明顿M870霰弹枪。该枪推出后，迅速成为美国民用市场霰弹枪的领头羊。时至今日，M870已成为筒式霰弹枪中适用范围最广、产量最大的霰弹枪之王，用途广泛，横跨军、警、民三界，雷明顿M870泵动霰弹枪是民用万能武器之一。

THE CROSS-BORDER ELITE

[跨界精英] M870霰弹枪

REMINGTON M870 SHOTGUN IS A UNIVERSAL WEAPON AMONG PEOPLE

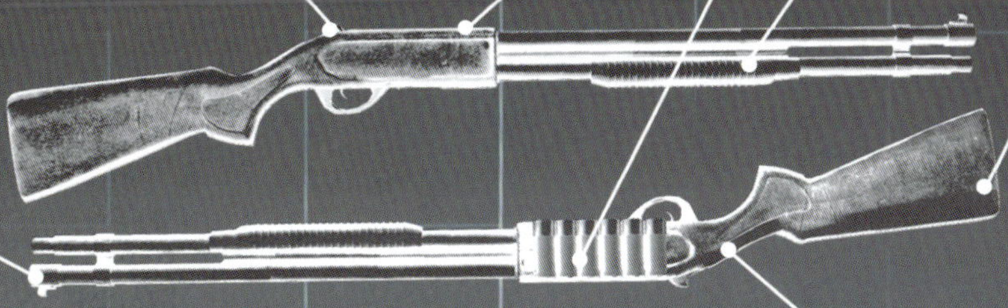

泵动式是雷明顿M870霰弹枪的运作方式，是通过一根可以移动的护木，经传动杆连接再由射击者直接驱动枪的枪机前后运动，从而完成射击循环的运作方式。由于霰弹枪膛压过低，在发射药量过低的弹药时，无法完成退壳与上膛的复进动作，就需要用手来拉动护木下方的气泵来完成以上动作，非常类似于使用打气筒的循环操作原理。

3 弹仓组件

采用标准管式弹仓供弹。弹仓前端带有一个弹仓帽，有些型号的弹仓帽上还带有固定背带环，标准弹仓容量为5发。

打气筒的循环系统

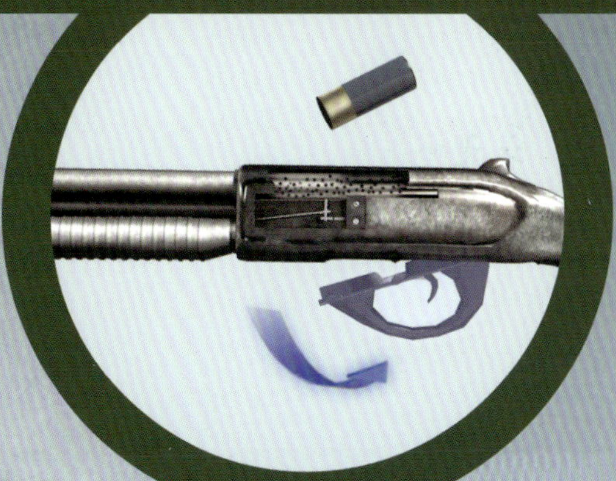

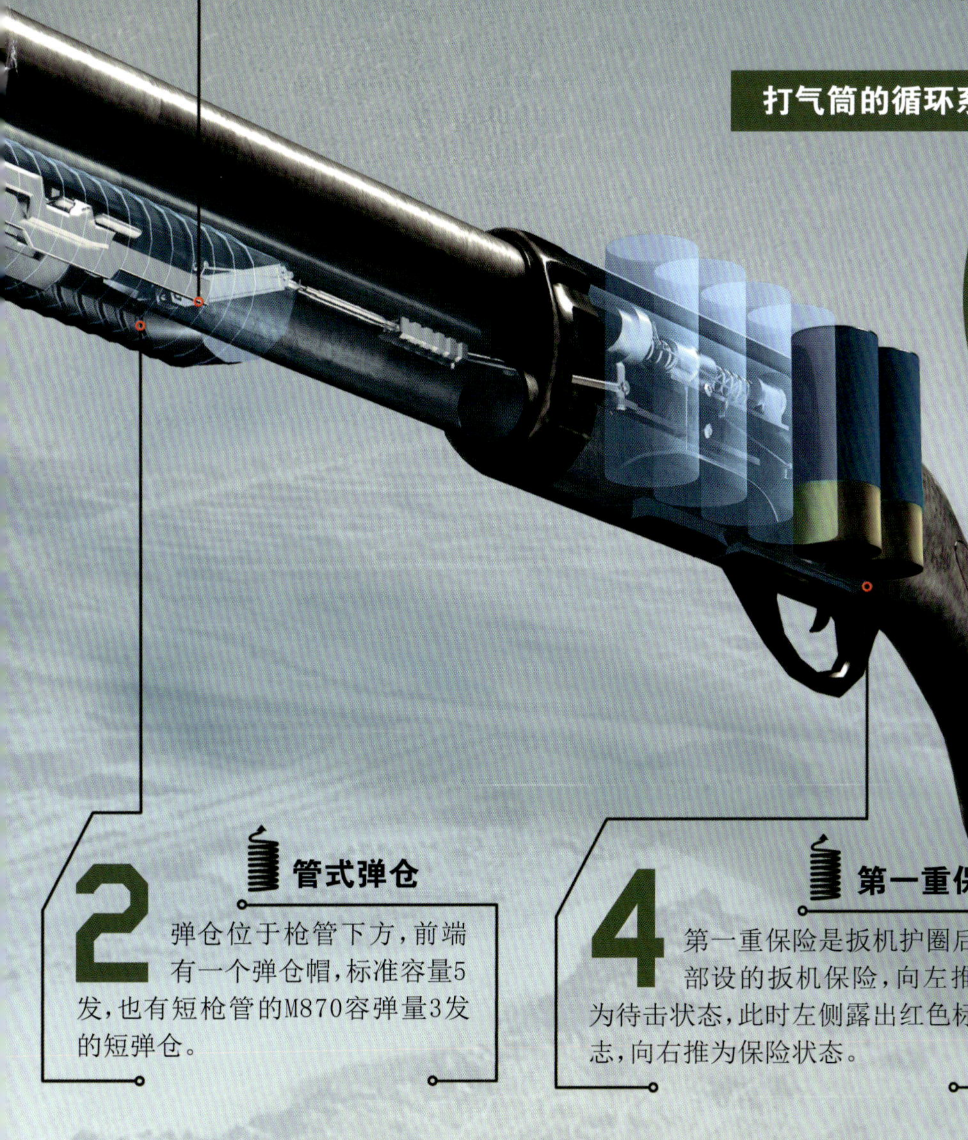

2 管式弹仓

弹仓位于枪管下方，前端有一个弹仓帽，标准容量5发，也有短枪管的M870容弹量3发的短弹仓。

4 第一重保险

第一重保险是扳机护圈后部设的扳机保险，向左推为待击状态，此时左侧露出红色标志，向右推为保险状态。

THE ZIONIST SYMBOL

[精神象征] Uzi 乌兹冲锋枪

ISRAELI UZI SUBMACHINE GUN WAS DESIGNED BY ISRAELITE

1948年第一次中东战争结束后，对于以色列的士兵来说，曾经操作来自各个国家的复杂机枪犹如噩梦。以色列军人里约特纳特·乌兹·盖尔参照当时最优秀冲锋枪的设计结构、操作性能、成本预算以及考量中东地区的沙漠环境因地制宜，成功设计出这款乌兹冲锋枪，如今它已成为以色列人的精神象征。

以色列的传奇工艺

乌兹冲锋枪大量采用冲压和焊接工艺，既降低成本又减轻枪体的重量。该枪的机匣由重规钢板制造，两侧冲压岸有加强筋，加强筋的作用是一方面可以提高机枪的工作强度，另一方面还可容留泥沙、油垢等污物，即使在遇上风沙和泥水等恶劣的环境条件也不影响机枪的正常操作。前托的材质采用了高强度塑料件，这样的设计是利用前托与机匣之间存有间隙以便于机体很好地散热。

乌兹冲锋枪（原型）

- 枪管长260毫米
- 展开枪托长650毫米
- 缩起枪托470毫米

迷你乌兹（衍生型）

- 枪管长197毫米
- 展开枪托长600毫米
- 缩起枪托长360毫米

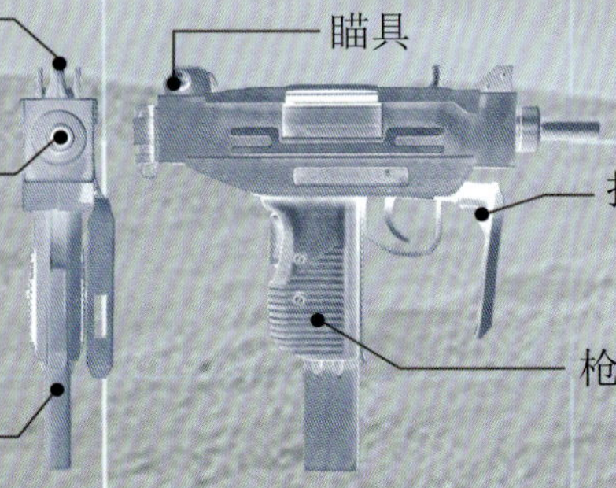

1 定位套筒

套筒前端刻有密密麻麻的螺纹，与枪管固定螺帽相连接，以确保枪管在机匣中可靠定位。

3 扳机

当快慢机处于保险位置时，快慢机连杆前臂正好作用在扳机下方，使其不能够转动，从而不能击发。

“双保险”设置

乌兹冲锋枪除了大家熟知的快慢机上的保险装置外，另外还有一个握把保险，“双保险”能让射手在射击过程中安心操作，它的工作原理是可以阻止阻铁下降，如果不压下握把保险，阻铁根本不会进入枪机底面的待发卡槽，枪体本身既不能处于待发状态也不能击发，即使枪不小心跌落也不会意外击发。

2 拉机柄

由于拉机柄位于机匣盖的顶部，因此在拉机柄中间有一个大的“U”形开孔，作为瞄准线的通道。

4 握把式弹匣

将弹匣直接作为握把，弹匣的卡榫就在握把左下方，非常方便更换弹匣，利于保持持续火力。

HERO'S GUN

[硬汉之枪] M60 通用机枪

THE HISTORY OF M60 MACHINE GUN IS MORE THAN 40 YEARS

“二战”后，美国在战场上缴获了不少德军武器，其中有FG42伞兵步枪、MG42通用机枪这两种赫赫有名的枪支，春田兵工厂参照这两种枪的内构汲取经验，经过多次改进，研发了质量小、精度高等特点的M60式通用机枪，并于1957年正式定型投产。M60是世界上最著名的机枪之一，至今已有40多年的历史，据不完全统计，M60通用机枪至今已经生产了25万多挺，数量还在与日俱增。

兰波之枪

M60出现在电影中大多为讲述越战的影片，其中最著名的电影《第一滴血》中M60因被史泰龙所扮演的蓝波所使用而大为出名，M60也被影迷命名为“蓝波之枪”。

M60 通用机枪(原型)

- 长107.7厘米
- 重16千克
- 宽245毫米

M60E4(固定型)

- 长110.5厘米
- 重10.7千克
- 宽149毫米

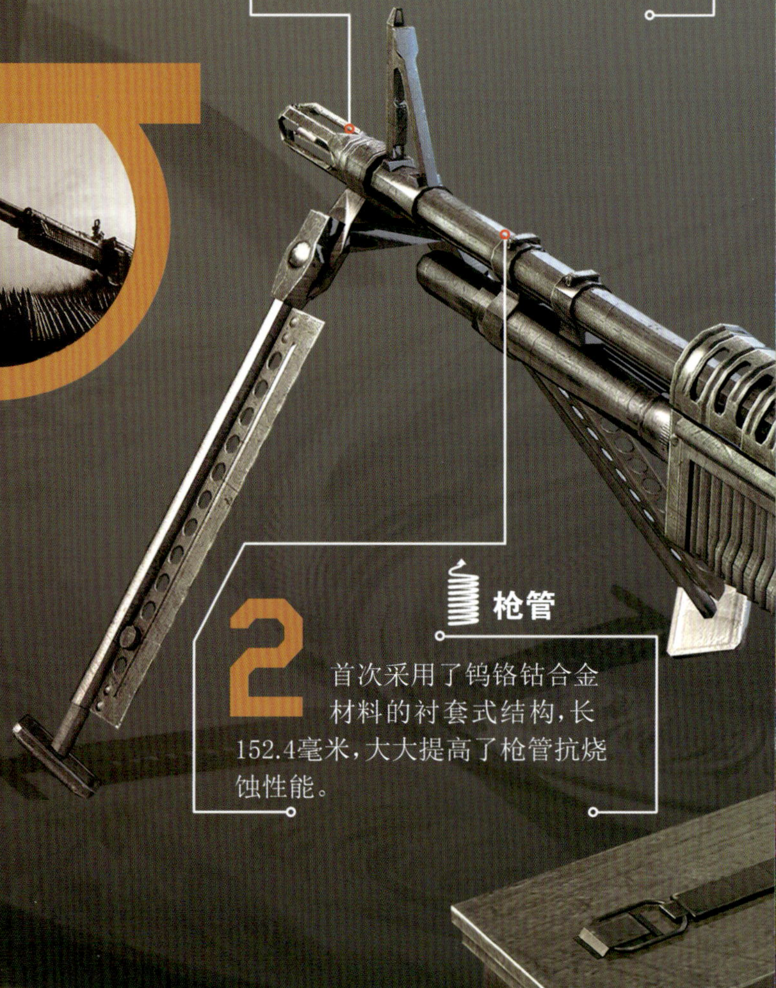

1 消焰器

消焰器与脚架座相接，形状为柱形，口部略向内收缩，四周有条状缺口。

2 枪管

首次采用了钨铬钴合金材料的衬套式结构，长152.4毫米，大大提高了枪管抗烧蚀性能。

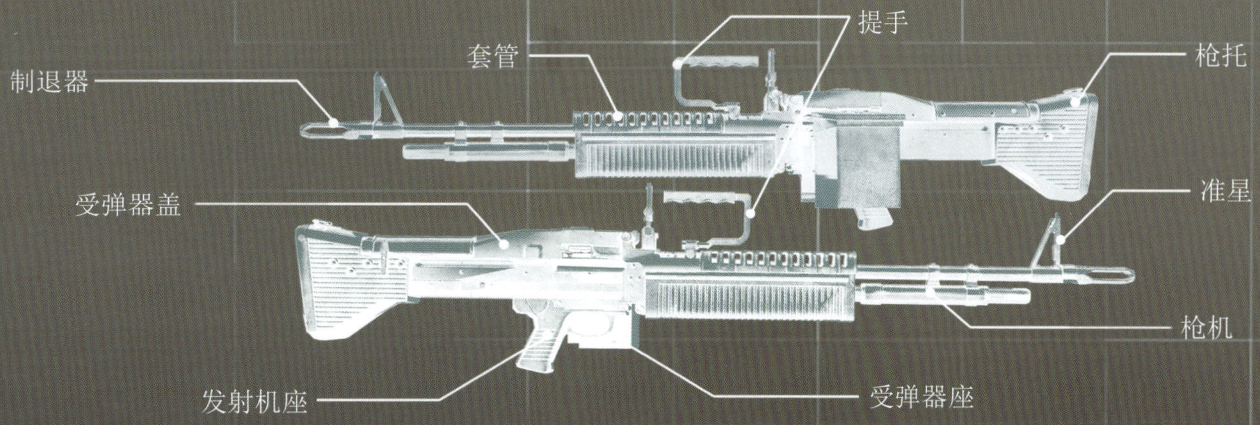

设计上的种种缺憾

M60通用机枪存在着一些无法改良的设计缺憾。早期型机匣进弹困难，必须将弹链托平，才能正常发射。10.5千克的机身及数百发弹药，对士兵而言实在太重；M60只有每分钟550发的射速比其他机枪略低，但是火力压制效果更不能令人满意，而且不能调整射速；长时间持续射击后可能出现不能射击或放开扳机仍然继续射击的失控情况。

3 瞄具

片状固定式准星，立框式标尺，且U形缺口照门安装在立框式标尺上可调整其高低和方向。

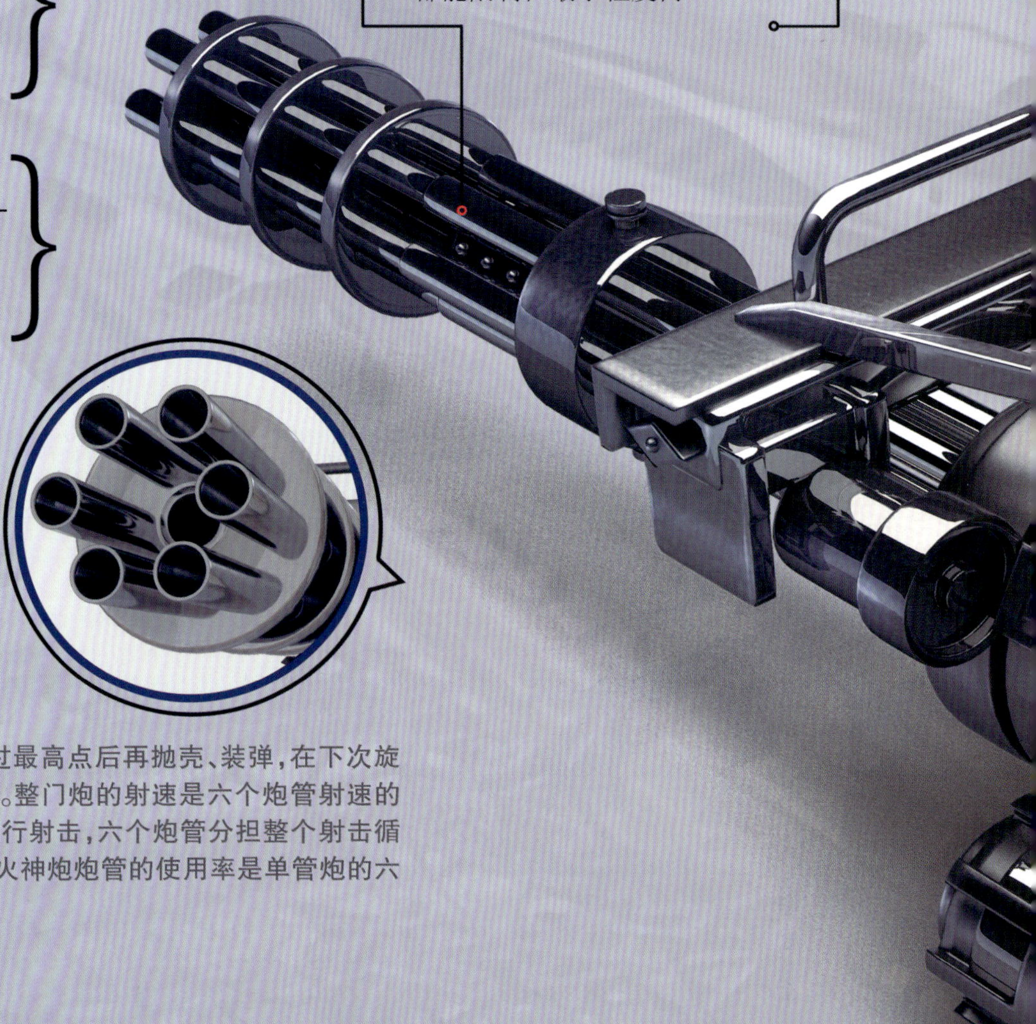

枪管

六根枪管在每转一圈的过程中只需轮流击发一次，因此无论是产生的温度或造成的磨蚀，都能限制在最小程度内。

空包弹

- 枪械所使用的子弹种类之一
- 没有弹头
- 击发时，具有声光效果

高爆烧夷弹

- 枪械所使用的子弹种类之一
- 机炮发射时产生动能
- 对易燃目标破坏力大

六管炮的先天优势

M134火神炮转管在射速和炮管寿命上占有先天优势。在炮管旋转的同时，每根炮管都处于不同的发射阶段。当炮管旋转到最高点时，膛内弹药被击发，旋转过最高点后再抛壳、装弹，在下次旋转到最高点时又被击发，如此循环。整门炮的射速是六个炮管射速的总和，如同六门20毫米单管炮在并行射击，六个炮管分担整个射击循环，所以在相同射击次数下，M134火神炮炮管的使用率是单管炮的六分之一。

“二战”时立下赫赫战功的勃朗宁重机枪的低射速在空战中显得力不从心。通用电气公司在1959年研制的M61A1火神炮的基础上开发出了M134火神炮。M134火神炮采用加特林机枪原理，虽然高速旋转的枪管会因离心力的作用导致射击散布增大，但射速高、火力强能弥补了精度的不足，反而使得M134火神炮成为一种具有强大范围杀伤性的武器。

THE ROARING "FIRE GOD"

[咆哮火神] M134火神炮

M134 VULCAN IS USUALLY LOADED IN JETS AND HELICOPTERS

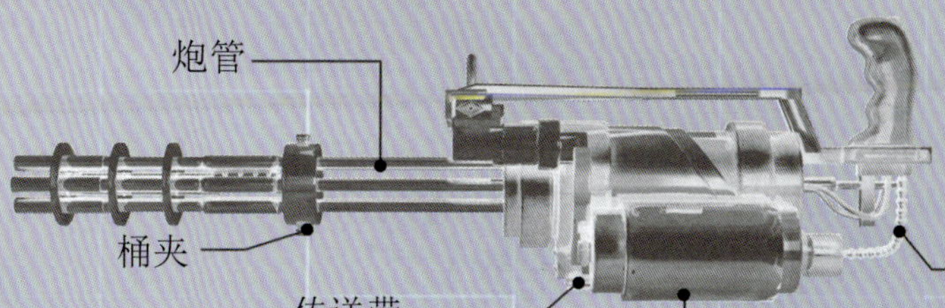

“咆哮火神”因何而来

由于火神炮射速极高，射击时根本无法分辨两次击发的间隔，它的声音听起来像重型机械工作的“嗡嗡”声。

2 电池盒

M134火神炮采用电池供电，电池盒内28伏直流电源为机枪提供了动能，这一技术的采用有效地避免了卡弹现象的出现。

3 握把

在总电源开关闭合后，按动握把上的击发按钮，电流通过电机转动枪管，完成击发。

THE FREE WARRIER

[自由战士] M16 自动步枪

M16 AUTOMATIC RIFLE IS THE TOP2 IN WORLD'S 10 GUNS

1955年，越南战争爆发，面对苏联制造的AK-47式突击步枪，美军运用手中的M14作战越发感觉力不从心。1960年美国柯尔特公司低价买下AR-15正式生产权且进一步完善了设计，将新枪型命名为M16突击步枪，该枪经过多场战争的"洗礼"，发展至今雄踞"十大名枪"榜单第二位。

M16(原型)

- 全枪长100.6厘米
- 有效射程550米
- 弹匣容量30发

M16A1(改进型)

- 全枪长98.6厘米
- 有效射程600米
- 弹匣容量30发

快慢机

保险、单发、连发三个位置互成90度夹角，射手在准备射击时，只需用一个拇指即可打开保险，进行射击。

2 抛壳机

M16抛壳窗后有一块突起的结构，使抛壳方向朝向斜前方，巧妙地避免了抛壳会造成射手脸部伤害的危险。

3 瞄准器

M16的瞄准器包括枪口制退器上方的前瞄准具组件以及携带提把之上的后瞄准具组件。

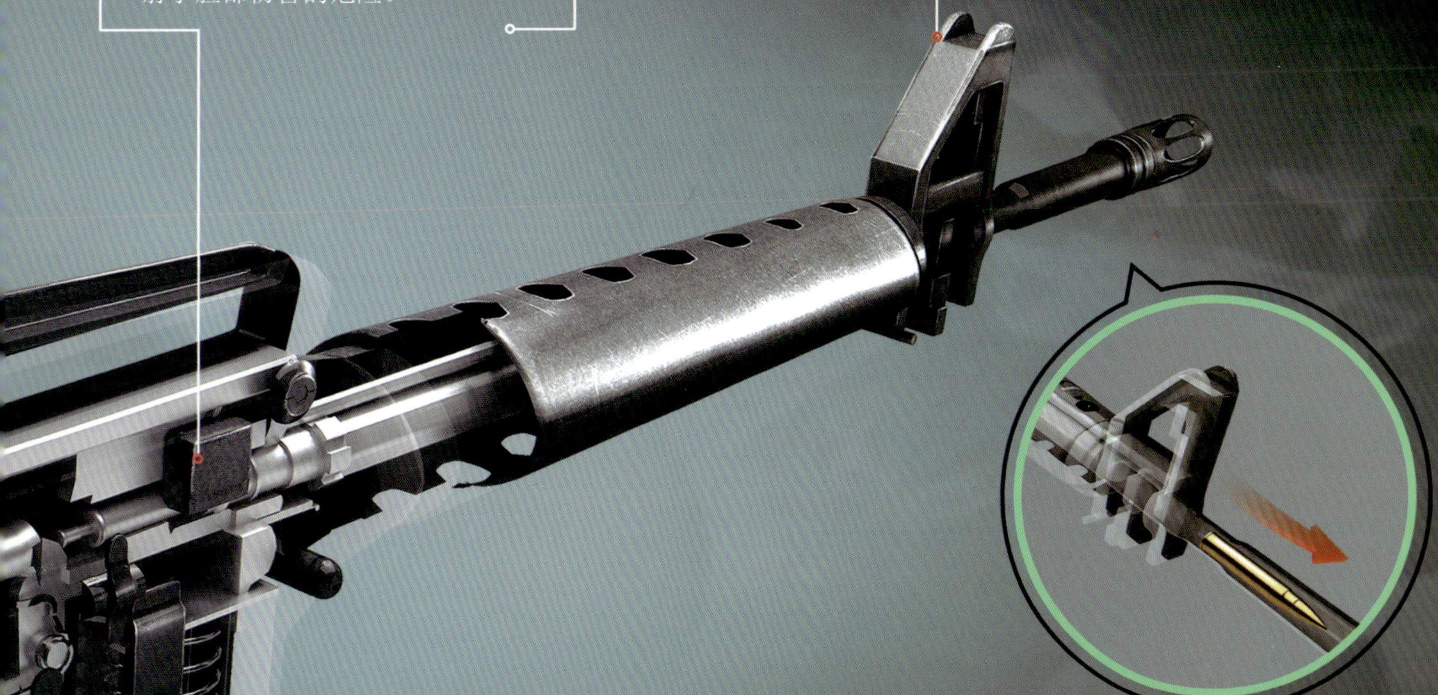

无活塞的内部构造

M16不是进入独立活塞室驱动活塞运动的，它的内部没有活塞，所采用的是直推式原理，即直接利用火药气体的压力从导气孔进入，通过导气管直接推动机框。M16枪机上的密封圈能阻止气室内的火药气体前进，急剧膨胀的气体便推动机框向后运动，机框上有一个开锁螺旋面，会与枪机闭锁导柱相互作用，使枪机右旋开锁，而后机框则带动枪机一起继续向后运动。

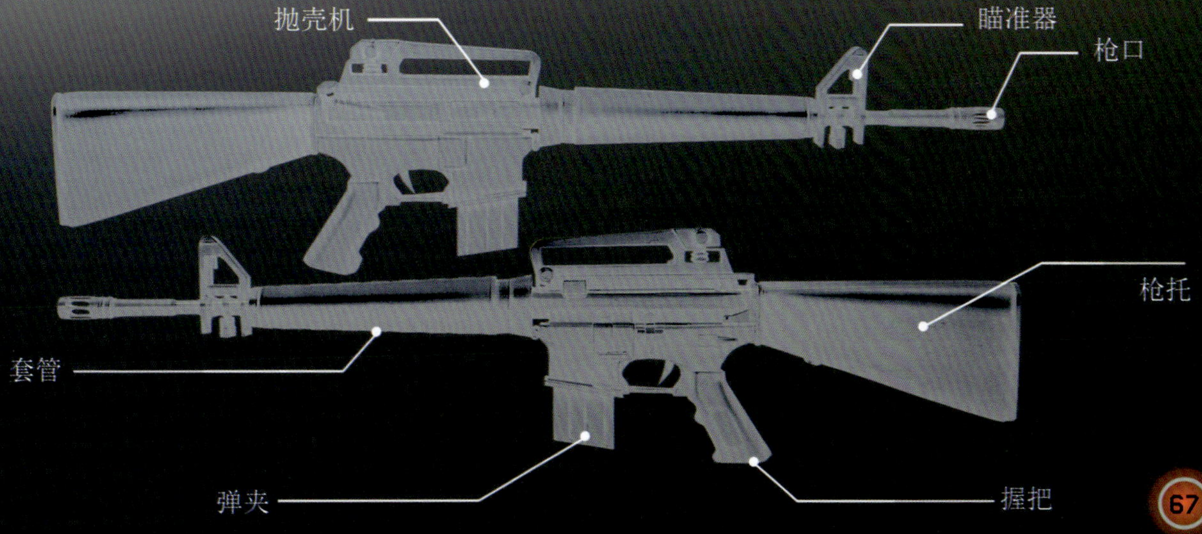

德拉贡诺夫狙击步枪（原型）

- 全枪长122厘米
- 枪重3.7千克
- 初速830米每秒

PSG-1 狙击枪

- 全枪长120厘米
- 枪重8.1千克
- 初速868米每秒

为 SVD 私人定制的绝佳武器

SVD的发射机构可以看作AK-47的放大版本，只是SVD作用的突缘弹比AK-47用的M43弹威力大很多，这种突缘弹弹壳是用钢制的，而不是一般的黄铜弹壳。快速运转的机枪供弹系统由于质量坚固，不易变形，这也是该枪的优点，钢壳在受热膨胀后变得很轻，由于弹壳锥度比较大，使得抽壳阻力变低，这样在一定程度上提高了自动武器的可靠性。

20世纪50年代末期，苏联想要设计一款半自动狙击步枪，其性质是保证武器在恶劣、高寒的环境下依旧能够可靠工作。1963年，叶夫根尼·费奥多罗维奇·德拉贡诺夫设计了世界上第一支为延伸班排射程而专门制造的精确步枪SVD，它以其天生的高射速、近似手动步枪的可靠性被采用。SVD狙击步枪是一支在世界上以接近零差评著称的经典枪型。

THE COLD-BLOODY KILLER

[冷血战魂]

SVD 德拉贡诺夫狙击步枪

DRAGUNOV(SVD) SNIPER RIFLE IS KNOWN AS ZERO FAULT

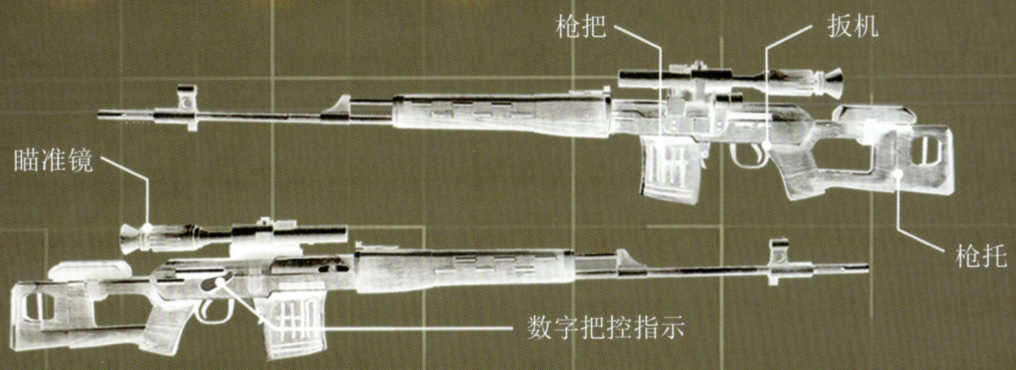

1 瞄准镜

SVD采用4×24毫米的PSO-1型瞄准镜，全长375毫米，视场6度，瞄准镜上有光源和电池，可用于夜间瞄准。

SVD的气体调节器非常独特，是通过调整火药燃气的压力来进行对枪机的保养。如果是在保养良好的情况下，调节器的指示设在“1”的位置上；如果是在特别恶劣的环境或硝烟弥漫的战场上造成积碳过多而影响枪机操作无法正常保养时，调节器指示设在“2”的位置上，这样的“数字设计”会增加推动活塞的压力，从而起到保护枪机的作用。

数字调控的独特指示

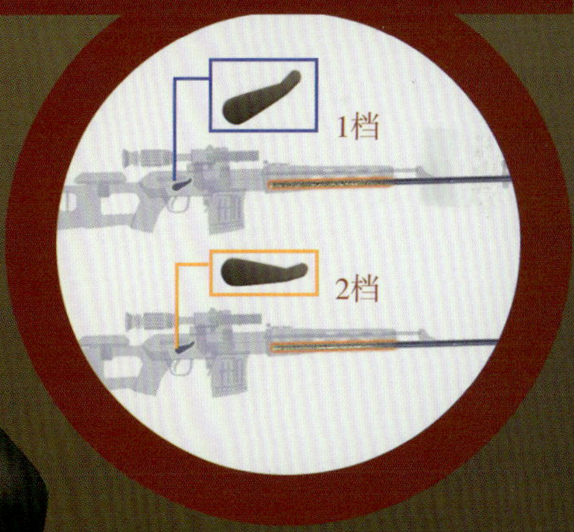

2 枪托

枪托大部分呈镂空状，既减重量，又自然形成直形握把，枪托抵肩质心接近枪管轴心线，能更好地防止枪口上跳。

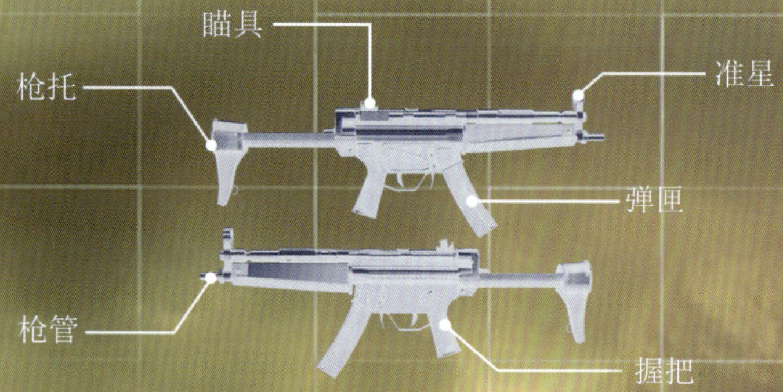

MP5(原型)

- 气体反冲式
- 弹匣容量15或30发、100发C-MAG
- 觇孔式照门

MP5K(改进型)

- 滚柱式
- 弹匣容量15或30发
- 缺口式照门

实战应用

1977年,西德GSG9在摩沙迪加机场的反劫机行动中使用了MP5,4名恐怖分子3人当即死亡,1人重伤,人质获救,MP5在近距离内的命中精度得到充分证明。此后德国各州警察相继装备MP5,而国外的警察、军队特别是特种部队都注意到MP5优越的性能。

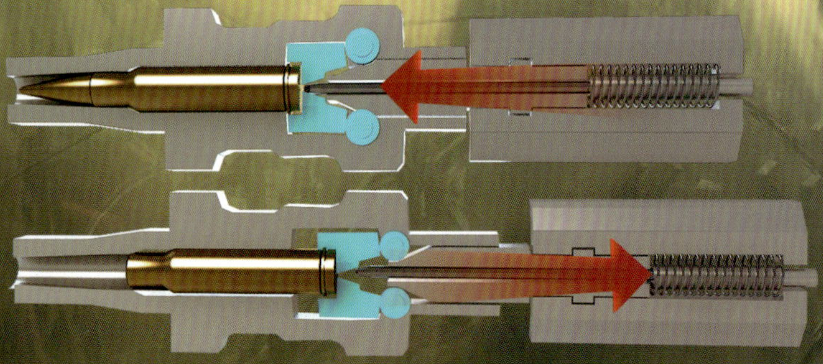

MP5由带闭锁楔铁的机体和带闭锁滚柱的机头组成,当枪机处于待击状态在机体复进到位前,闭锁楔铁的闭锁斜面将两个滚柱向外挤开,使之卡入枪管节套的闭锁槽内,枪机便闭锁住弹膛。枪机射击后,在火药气体作用下,弹壳推动机头后退。一旦滚柱系统完全脱离卡槽,枪机的两部分就会一起后坐,直到撞击抛壳挺时才将弹壳从枪右侧的抛壳窗抛出。

严密把控的保险装置

THE ELITE OF ANTI-TERRORIST

[反恐精英] MP5冲锋枪

MP5 SUBMACHINE GUN WAS OFFICIALLY NAMED IN 1966

冷战时期，北约和华约开始对峙，1954年，作为北约组织成员国的西德为促进国产冲锋枪的研制，开展了比拼竞赛。德国军械厂黑克勒-科赫公司的几名设计师以G3步枪为基础，设计了一种采用半自由枪机和滚柱闭锁系统的冲锋枪，1966年被西德政府采用后正式命名为MP5。MP5在推出后迅速成为多国军队、警队及保安部队的制式冲锋枪，之后以此枪为基础开发出的新的版本达120种之多。

子弹

MP5使用的9x19毫米手枪弹后面呈圆柱形，前段呈圆锥形，威力比较低，所以MP5没有采用G3的爪式防反跳装置。

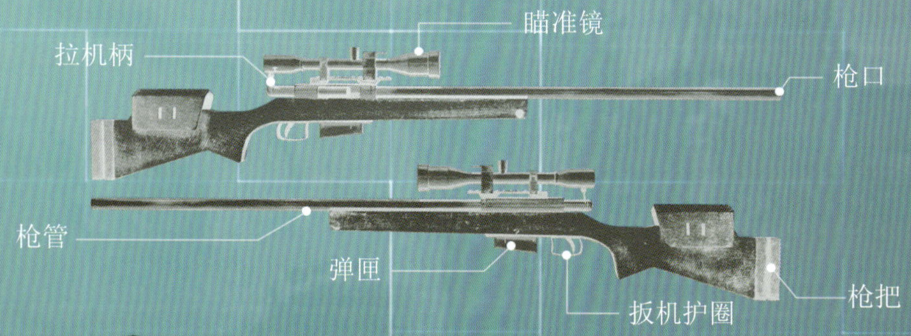

1 瞄准装置

M40装有永久固定式瞄准镜，许多用于定位的小圆点分布在瞄准镜的十字线上，用来精确标定距离。

“绿色枪王”的由来

M40狙击步枪是冷战时期和苏联SVD狙击步枪并列的狙击步枪，这两款枪被冠以“两大枪王”的符号。因M40通体以军用绿色涂装为主，SVD以红色木制为主，所以M40被称为“绿色枪王”，相对的SVD就自然地被称为“红色枪王”。

2 弹仓

M40是整体式弹仓供弹，使用北约7.62毫米枪弹，弹仓底盖前部的卡榫用于卸下托弹板和托弹簧。

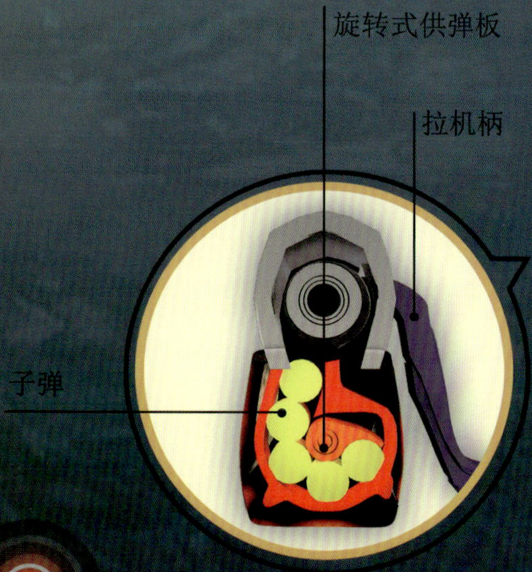

“一发毙命”

海军陆战队狙击手的准则是“一发毙命”。之所以有这样的准则，是因为M40内部只有容纳5发子弹的弹舱，只能单发射击，射手打完一枪，要拉开枪机退出弹壳重新上膛。所以一旦面对面地遭遇AK47这类强悍的突击步枪，以手枪迎战根本胜算不多，如果狙击手不能“一发毙命”，他自己就危险啦！

THE KING IN GREEN

[绿色枪王] M40 狙击步枪

THE MOST ACCURAT WEAPON——M40 TACTICAL SNIPER RIFLE

越南战争期间，美国海军陆战队急需一种正规的新式狙击步枪。经过比较，决定采用雷明顿公司1966年研发的旋转后拉式步枪作为制式狙击步枪，继而命名为M40。原型的M40全部装有雷菲尔德3-9瞄准镜，但该瞄准镜及木质枪托在越南战场因不断出现受潮膨胀等问题根本无法使用，后来经过改良，这一问题已被克服。发展至今的M40已成为现役狙击步枪中最高精度的战术狙击步枪。

M40A1(衍生型)

- 总重6.57千克
- 全长111.7厘米
- 供弹5发

M40A3(衍生型)

- 总重7.5千克
- 全长112.4厘米
- 供弹5发

3 枪托

M40采用的是麦克米兰A-4玻璃纤维战术步枪枪托，军用绿色涂装，利于狙击手进行战术隐蔽。

1 枪管

M21枪管长558.8毫米，为重型比赛枪管，采用“道格拉斯”优质枪管。

3 子弹

M21是靠弹匣供弹，该枪的标准弹匣容量是10发，可以使用发射7.62×51毫米的NATO制式枪弹。

M21(原型)

- 重量5.27千克
- 枪管长度560毫米
- 口径7.62毫米

M25(改进型)

- 重量5.27千克
- 枪管长度639毫米
- 口径7.62毫米

2 枪托

M21枪托由核桃木制成，用环氧树脂浸渍，后来改为玻璃纤维护木，后端装有厚25.4毫米的黑色起缓冲作用的枪托底板。

1969年，刚刚装备美军部队的M21在越南战争中由于填补了M16在200~300米外远距离火力的缺失而成名。该枪采用空气冷却和半自动发射方式，使用弹匣供弹，一直延续到1988年才逐渐开始被M24狙击步枪所取代。M21狙击步枪可以说是M14自动步枪的升级版，在M14基础上将制作工艺更加精细化，因此M21狙击步枪在军事领域算是拥有很高造诣的枪机。

THE DEATH OF SILENCE

[寂静死神] M21 狙击步枪

M21 SNIPER RIFLE IS AN UPGRADE OF THE AUTOMATIC RIFLE

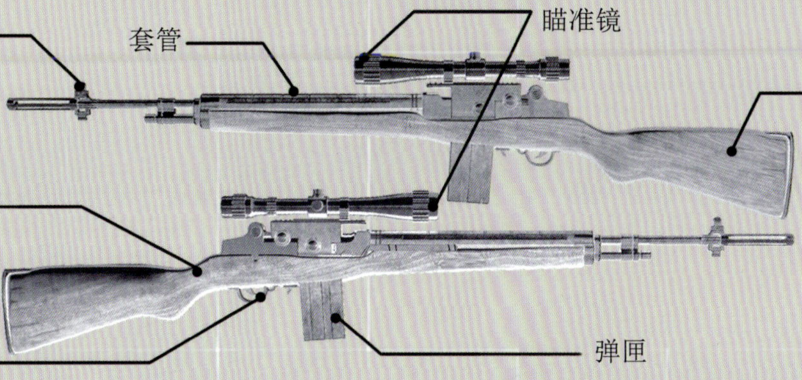

ART瞄准镜的特点是在十字分划的横标线和竖标线上各有两个准距线，当放大倍率为3时，横标线的两个准距线对应于300码（约274.3米）处的实际长度是60英寸（约1.52米），竖标线的两个准距线则对应30英寸（约0.76米），由此可使狙击手能够准确判定目标的距离。ART瞄准镜最大的优点是测距动作和修正弹道高低的动作是同时完成的，这样能大大降低狙击手的准备时间，以便快速射击。

ART 上的计量标尺

经典文化的发源地

英国殖民印度时，英国官员或贵族有游猎印度乡间或荒野间的习俗，他们游猎的过程中偶然发现“鹬鸟”极难狩猎，射手须伪装埋伏并拥有极佳射击技术与精密度高的步枪才可以猎得，被称为“猎鹬者”。狙击手一词由“猎鹬者”转化而来，因此高精密度的步枪被称为狙击步枪。

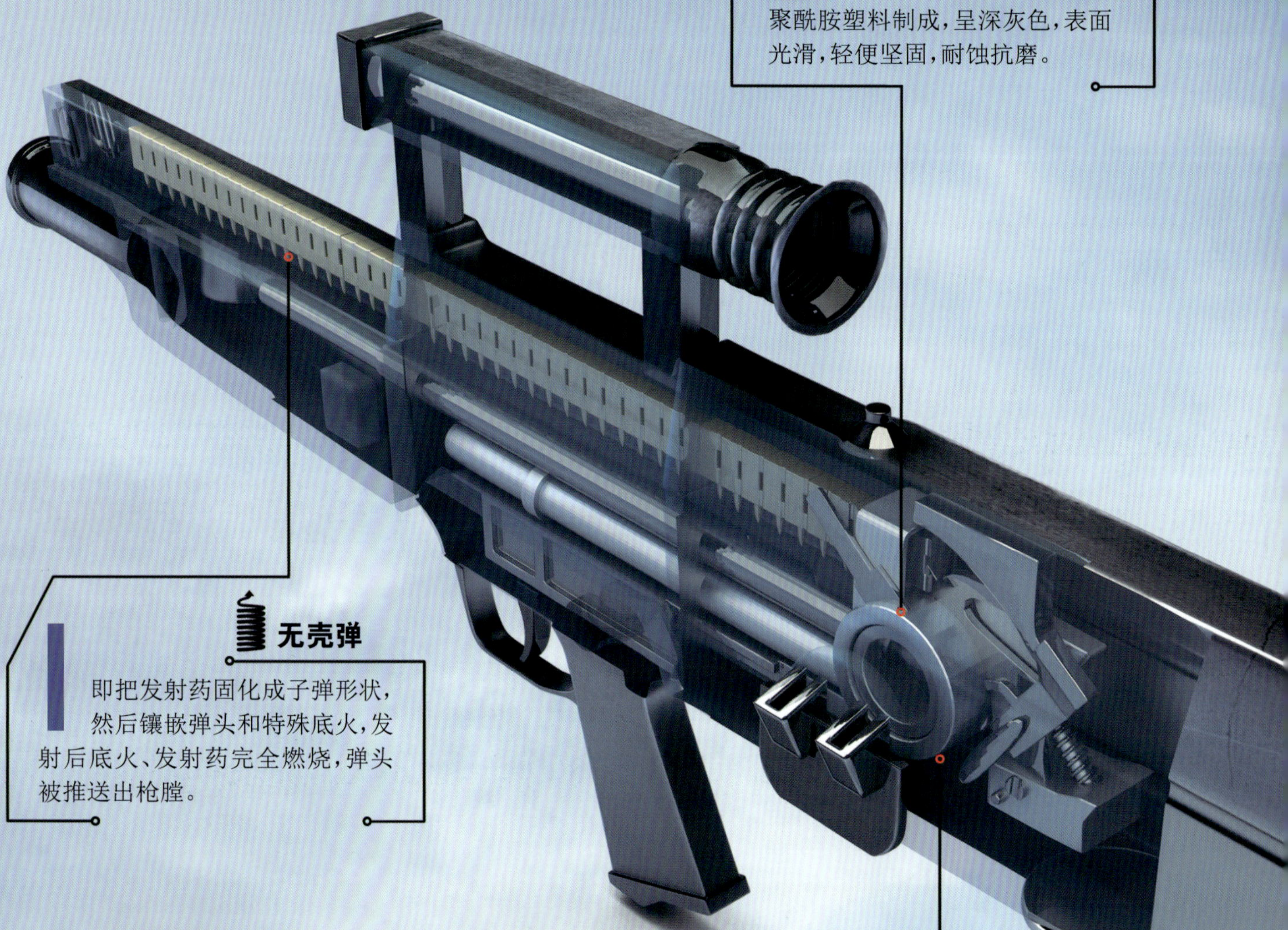

2 机匣

机匣由3个易于分离的部件组成，用碳素纤维增强聚酰胺塑料制成，呈深灰色，表面光滑，轻便坚固，耐蚀抗磨。

1 无壳弹

即把发射药固化成子弹形状，然后镶嵌弹头和特殊底火，发射后底火、发射药完全燃烧，弹头被推送出枪膛。

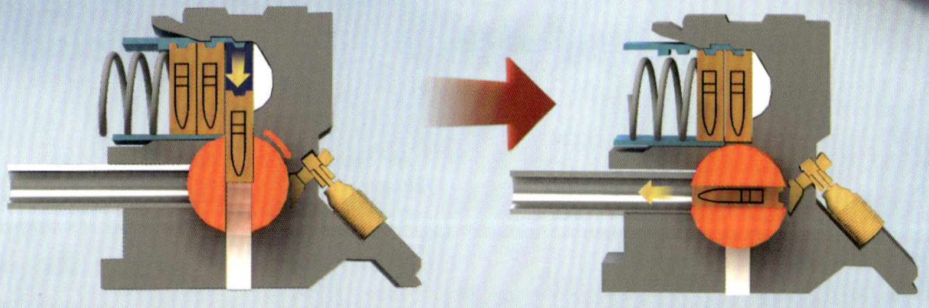

转膛式枪机操作

发射无壳弹的难题就是枪膛闭气，无壳弹在发射时不能使火药气体从枪膛尾部泄出，火药气体就会四溢。G11采用了一种圆柱形转膛式枪机，它能在枪管轴线上旋转，当弹膛转到与枪管垂直的供弹位置时，枪弹就进入弹膛；转膛再转90度到达射击位置，枪弹就处于待发状态；击发时，击针会把弹膛的尾部密封；发射后转膛再转90度，又回到供弹位置，如此往复。

3 窗口

在接近弹匣底板处有一孔径为25.4毫米的窗口，可以看到弹匣簧，簧中如涂有一圈红色，表明弹匣已装满枪弹。

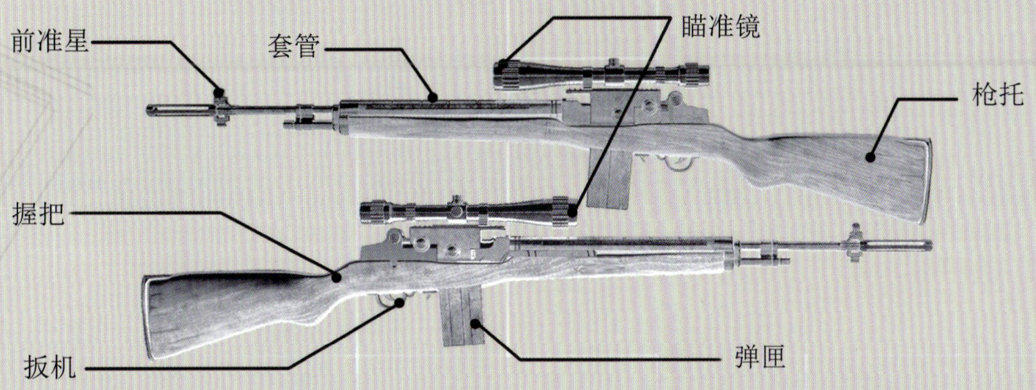

ART瞄准镜的特点是在十字分划的横标线和竖标线上各有两个准距线，当放大倍率为3时，横标线的两个准距线对应于300码（约274.3米）处的实际长度是60英寸（约1.52米），竖标线的两个准距线则对应30英寸（约0.76米），由此可使狙击手能够准确判定目标的距离。ART瞄准镜最大的优点是测距动作和修正弹道高低的动作是同时完成的，这样能大大降低狙击手的准备时间，以便快速射击。

ART 上的计量标尺

经典文化的发源地

英国殖民印度时，英国官员或贵族有游猎印度乡间或荒野间的习俗，他们游猎的过程中偶然发现“鹬鸟”极难狩猎，射手须伪装埋伏并拥有极佳射击技术与精密度高的步枪才可以猎得，被称为“猎鹬者”。狙击手一词由“猎鹬者”转化而来，因此高精密度的步枪被称为狙击步枪。

2 机械瞄准具

瞄准具由固定式片状准星和觇孔照门表尺组成，表尺射程为100米。

3 弹匣

此枪有两种口径，11.43毫米口径采用美国M3式冲锋枪的弹匣，9毫米口径采用德国瓦尔特冲锋枪的楔形弹匣。

1 枪管

射击时射手用一只手握持，能控制枪口上跳，枪管前端加工有螺纹，以便拧装消声器。

4 金属枪托

伸缩式金属枪托可在不用时缩回机匣，抵肩可向上叠到机匣后端，枪托拉出后可用卡榫将其固定。

CANNOT HEAR THE SOUND IN THE BOOTH

[电话亭枪] MAC10冲锋枪

MAC10 SUBMACHINE GUN IS WELL-KNOWN ALL AROUND THE WORLD

1969年，美国军用武器装备公司生产了一款新型冲锋枪，拥有结构简单、成本低、易制造和易维修的优势，使其迅速跻身现代名枪行列，该枪便是英格拉姆MAC10冲锋枪，目前已装备美国、英国、玻利维亚、哥伦比亚等多国的警察和特种部队。虽然它曾出现在1994年美国攻击性武器禁令的名单中，但其性能与品牌价值已经为它在世界树立了威望。

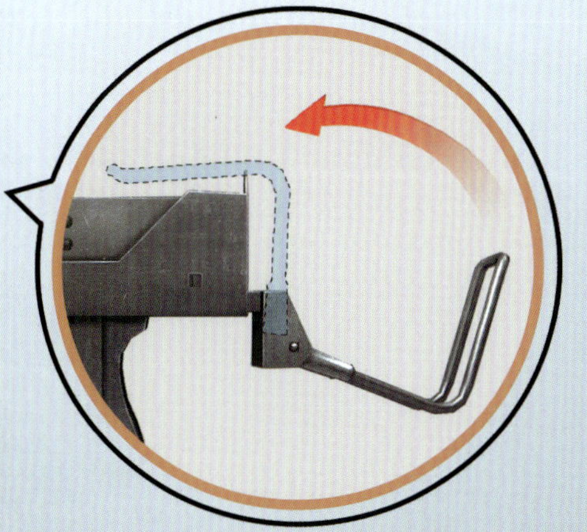

MAC10(11.43毫米口径)

- 美国M3式冲锋枪弹匣
- 容弹量30发
- 单排列供弹，用压弹器压弹

MAC10(9毫米口径)

- 瓦尔特冲锋枪楔形弹匣
- 容弹量32发
- 单排列供弹，用压弹器压弹

安全指数高的内饰设置

英格拉姆MAC10冲锋枪也有双保险装置，一个是形状为锯齿状，枪机转动90度自动闭锁；一个是有指示器提醒武器不能射击保险装置。能有效杜绝武器射击系统因为坠下或者开放式枪机的先天缺陷所导致的走火，由于英格拉姆MAC10冲锋枪结构简单的关系，很少在操作上出现问题，同时证明了该枪机的设计是经得起考验的。

在MAC10枪身装上消声器，立即变成一种具有革命性的设计，这个消声器的特别之处是尖柱外形的消声器令它发射后几乎是接近无声的，而且这种设计使得枪机清洁内部时只需要清洁金属的部分而且无须更换。

革命性设计

2 机匣

机匣由3个易于分离的部件组成，用碳素纤维增强聚酰胺塑料制成，呈深灰色，表面光滑，轻便坚固，耐蚀抗磨。

1 无壳弹

即把发射药固化成子弹形状，然后镶嵌弹头和特殊底火，发射后底火、发射药完全燃烧，弹头被推送出枪膛。

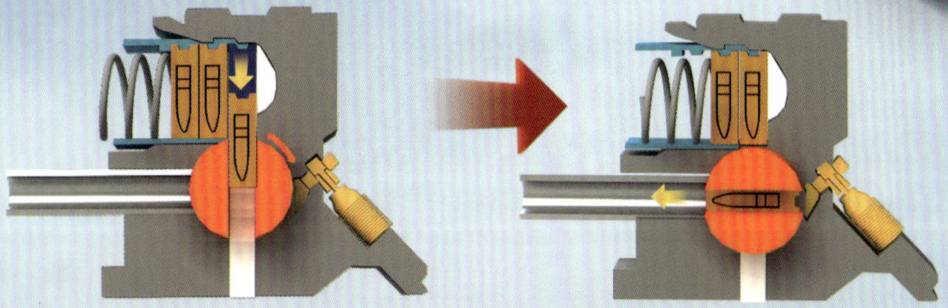

转膛式枪机操作

发射无壳弹的难题就是枪膛闭气，无壳弹在发射时不能使火药气体从枪膛尾部泄出，火药气体就会四溢。G11采用了一种圆柱形转膛式枪机，它能在枪管轴线上旋转，当弹膛转到与枪管垂直的供弹位置时，枪弹就进入弹膛；转膛再转90度到达射击位置，枪弹就处于待发状态；击发时，击针会把弹膛的尾部密封；发射后转膛再转90度，又回到供弹位置，如此往复。

3 窗口

在接近弹匣底板处有一孔径为25.4毫米的窗口，可以看到弹匣簧，簧中如涂有一圈红色，表明弹匣已装满枪弹。

THE SPIRITUAL LEADER

[精神领袖] G11-RIFLE 无壳弹步枪

G11 CASELESS FIFLE MISSED THE CHANCE SERVING FOR GERMANY

G11步枪设计计划由德国HK公司和诺贝尔炸药公司共同负责。经过20多年的努力，G11无壳弹步枪系统日趋成熟。1990年，德国陆军部宣布G11已通过测试使用要求，但就在即将装备军队的这一年，柏林墙倒塌，苏联解体，华约解散，威胁减小，G11的采购计划随即也取消了。虽然G11没有装备军队，但这支本应在战场上功成名就的步枪却意外地成为了步枪史上的“精神领袖”。

命运多舛的宠儿

G11的命运可以说是几多波折，从最初西德的研制开始，由于东德和西德的合并，导致了本来应该作为西德国防主力的G11计划夭折。HK公司显然不想轻易抛弃这款武器，于是它向各国大力推荐，但依然无法使其成为主流武器。而后美国提出了ACR计划，HK公司虽然做出了充分的准备，奈何在实验室的表现使得美国不得不终止这项计划，G11再一次被命运捉弄。

50发弹匣(早期原型应用)

- 容量大
- 手工装弹十分困难
- 弹匣内的枪弹弹头向下并垂直于枪管轴线

45发弹匣(后期型号应用)

- 容量小
- 弹匣供弹插槽两侧各有一后备弹匣插槽
- 可在枪上同时携带3个弹匣

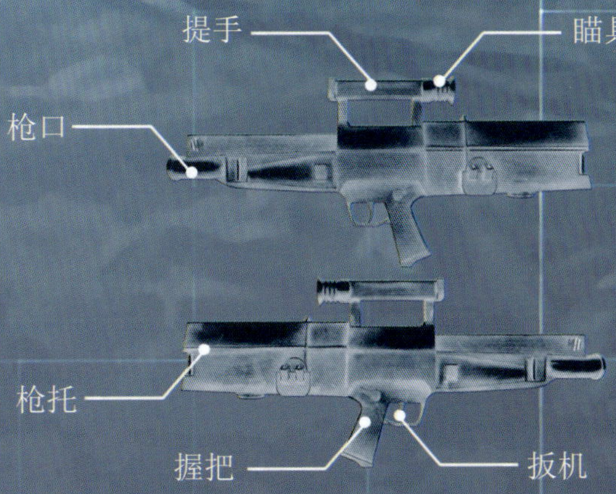

THE FROGMAN

[苏俄蛙人] APS 水下步枪

UNDERWATER AUTOMATIC RIFLE CAN WORK UNDER THE WATER

起初，苏联海军蛙人只装备水下匕首和AK步枪，但这些步枪也只能在水面上使用。为了有效对抗水下有生目标，仅靠水下匕首等冷兵器是远远不够的，苏联专家从20世纪60年代末开始研制蛙人的水下射击武器。1970年初，由弗拉迪米尔·西蒙诺夫领导的研制小组，研制出特种水下突击步枪（APS）。该枪导气系统采用自动调节导气箍的专利技术，从而使该枪在水底或水面上都能正常工作，但也存有一些不可解决的弊端。

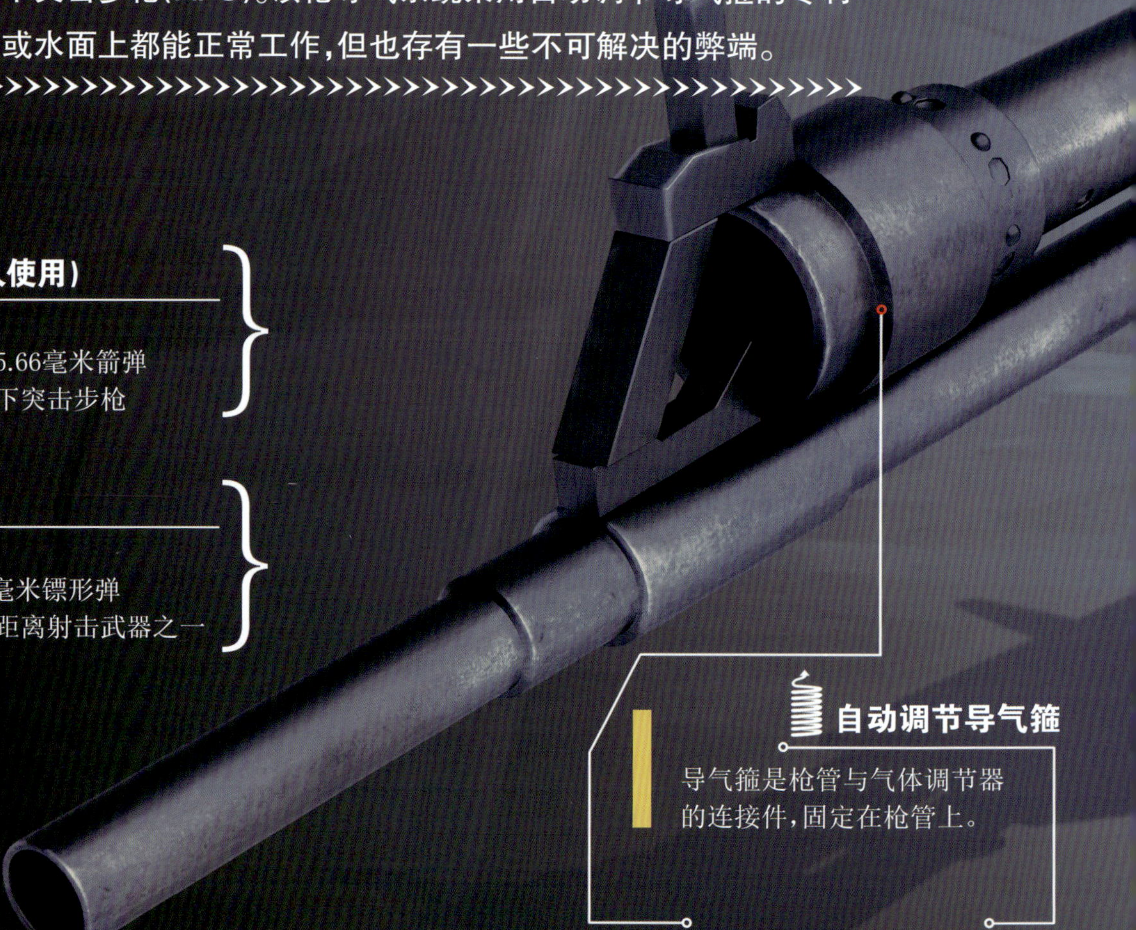

APS（特种部队、蛙人使用）

- 用于水下战斗
- 弹容量20发，发射MTC5.66毫米箭弹
- 披露于世的第一支水下突击步枪

P119 式水下手枪（潜水员、蛙人使用）

- 用于水下战斗
- 弹容量5发，发射7.62毫米镖形弹
- 目前最先进的水下近距离射击武器之一

自动调节导气箍

导气箍是枪管与气体调节器的连接件，固定在枪管上。

水下攻击

APS水下突击步枪是由AK系统衍生出来的水下枪支，该枪的导气系统采用自动调节导气箍的专利技术，使该枪在水底或水面上都能正常工作。由于水压对弹头飞行及枪机运动所产生的阻力不同，因此在水下的射速和有效射程取决于使用时的深度，由于APS比棱镖枪有较大的射程和更强的穿透力，在对付经过增强的潜水服、防护头盔或贯穿呼吸器材之类的厚物时更为有效。

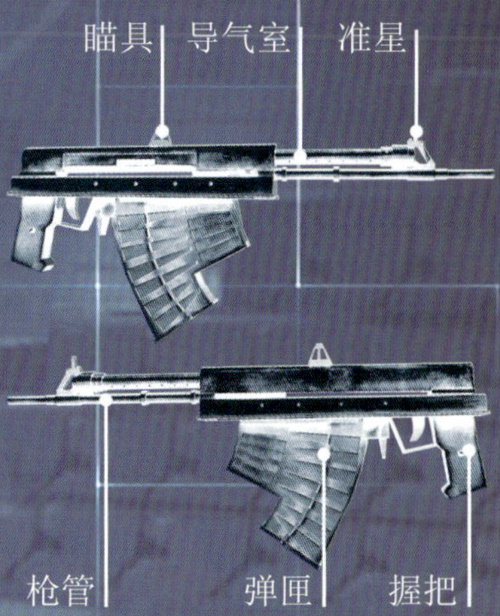

3 杆式伸缩枪托

射击前可直接拉出枪托，使用完毕后按下枪托卡榫将枪托推回即可。

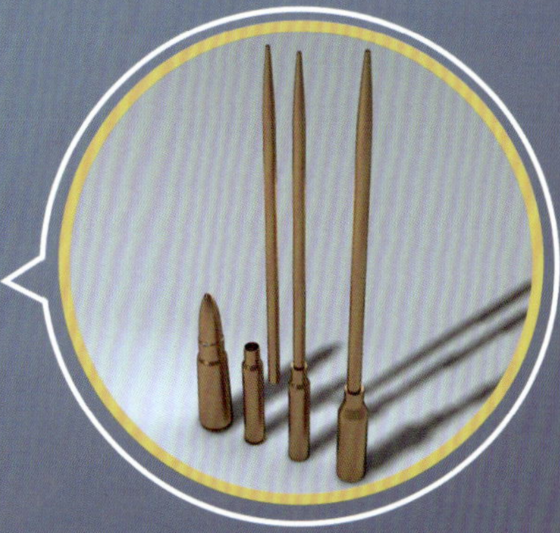

2 弹匣

APS水下突击步枪的5.66毫米弹匣主要由弹匣体部件、托弹簧部件和弹匣底板组成。

水下飞行

APS的长椭圆形弹体在水中以较高速度运行时，弹头附近的水介质会被压缩，并在弹头后面、弹体表面附近形成一个直径较小，没有水的虚的空间（空穴），由于只有弹头部分受到水的阻力，其余部分并不与水接触，总的阻力也比较小。此时，弹体就会像在一个管道中一样，沿空穴的轴心飞行。

[力压群雄] THE BEST 92FS 伯莱塔手枪

THE COLT M1911 WAS REPLACED BY ITALY BERETTA 92FS PISTOL

1975年，意大利伯莱塔公司经过五年的研制和试验，生产出其公司的代表作品——伯莱塔92FS型半自动手枪，大众常直接称其为伯莱塔手枪。它的设计满足了现代军事部门和执法机构对安全性、可靠性和耐用性等方面的要求。在美国第一次手枪换代选型比试中力压群雄，代替柯尔特M1911成为新一代制式手枪。海湾战争中，美军尉官以上的军官包括总司令，腰间携带的都是这把枪。

伯莱塔92SB(原型)

- 滑套和枪管材质为碳钢
- 重量955克
- 保险为闭锁卡铁摆动式

伯莱塔92FS(改进型)

- 滑套和枪管材质为碳钢或不锈钢
- 重量945克
- 保险为闭锁卡铁下落式

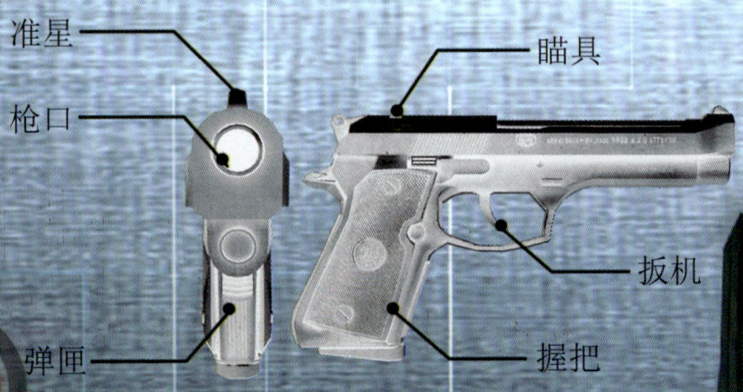

1 枪管

为枪械的主要组成零件之一，以耐热不易变型的金属管打造而成，枪管内膛镀铬，还配有比赛枪转换附件。

人性化构造

伯莱塔公司对伯莱塔92FS的扳机护环进行了细致的设计，利用人体工学原理，让使用者在使用扳机时更为省力。握把的角度也经过特殊设计，如果射击者足够熟练，不需要太长时间的瞄准，便能进行精确的射击。

3 套筒阻挡装置

套筒阻挡装置能够防止套筒断裂时击伤射手，从改进角度来看，非常人性化。

2 击发机构

击针为两节式，即击针尾和击针体，发射机构可以完成双动发射和单动发射。

超级明星

伯莱塔92型半自动手枪以其准确性和可靠性被广泛认为是最好的防御型手枪，是手枪中绝对的“超级明星”。因为其漂亮的枪身和优良性能，“邀请”它参演的电影不计其数，比如香港经典的电影《英雄本色》，张国荣、周润发、狄龙拿的都是伯莱塔手枪，007同样对它爱不释手，走到哪儿都要带上一把精致的伯莱塔手枪防身。

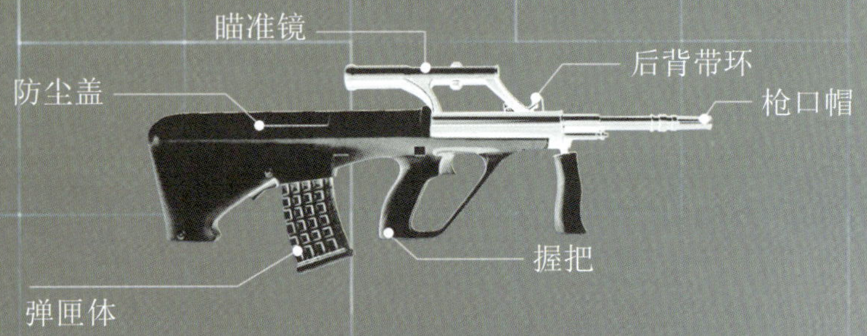

枪管

枪管用高强度钢成型，外表有环形的散热筋，弹膛和枪膛内镀铬。

AUG A1(衍生型)

- 机匣上瞄准镜不可卸去
- 导气式
- 20寸(约667毫米)枪管

AUG A2(衍生型)

- 机匣上瞄准镜可卸去
- 导气式
- 16寸(约533毫米)枪管

AUG 突击步枪

AN94

无托结构

奥地利AUG的枪体没有设计枪托，在相同的枪管长度、有效射程和弹道特性下缩短枪械整体长度和减轻重量，方便士兵进出装甲车辆。由于无托结构步枪重心接近射手身体，转动惯量（一个物体对于旋转运动的惯性）较小，所需瞄准时间短，另外枪体本身和力矩也非常短，射手更容易控制枪身的稳定，有的射手甚至可以单手控枪射击。

TURNING UP SUDDENTLY

[横空出世] AUG突击步枪

AUSTRIAN AUG ASSAULT RIFLE WAS CREATED FULLY BY HEART

20世纪60年代后期，奥地利的和平环境已基本形成，虽然早已结束数十年被占领、分割、吞并的历史，但军方依然担心历史重演，对国防问题不敢怠慢，于是提出制作新武器的要求。精度不能低于比利时的FN FAL步枪，重量不大于美国的M16步枪，全长不得超过现代冲锋枪的长度，在恶劣环境中可靠性不低于苏联的AK-47和AKM突击步枪，就此AUG突击步枪横空出世。

启动“懒人射击模式”

AUG步枪上没有专门选择射击模式的装置，而是通过控制扳机行程来变换射击模式。扳机扣到一半位置时只可单发射击，扳机扣到底时则为全自动射击。要是进行半自动射击，两次射击之间必须松开扳机，而全自动射击只需要扣住扳机不放，直到停止射击为止。这样的射击方法简单、方便，减少很多不必要的环节，可见设计者为使用者考虑得很全面。

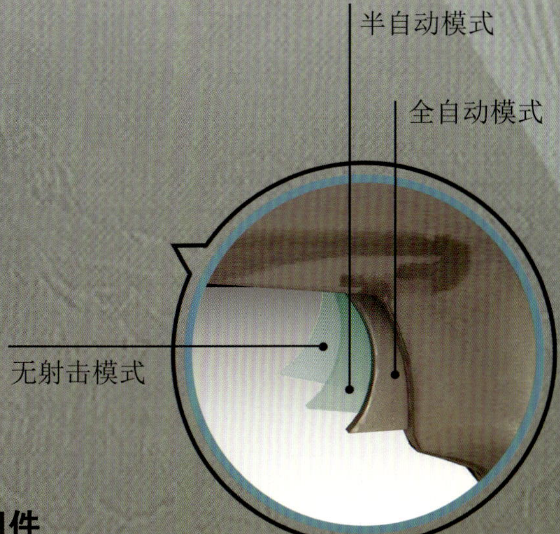

2 瞄具

标准瞄准装置是1.5倍的望远式瞄准镜，由奥地利蒂罗尔的施华洛世奇光学仪器公司设计，可兼作提把。

3 击锤组件

除弹簧和转轴由金属制成以外，整个击锤组件均由塑料制成。

[法国之星] FAMAS 突击步枪

THE STAR OF FRANCE

FAMAS ASSAULT RIFLE IS ONE OF THE SIX WORLD'S GUNS

20世纪60年代以后，随着工程塑料、铝合金、不锈钢等新型材料大量应用到枪械制造中，致使更轻巧耐用的新式枪械大量出现。1971年，法国轻武器专家保罗·泰尔就是在这样的大环境下研制出了一款结构非常有特色的突击步枪FAMAS。该枪是目前世界上最短的自动步枪之一，在乍得战争和海湾战争中经受战火考验，从而入选“世界六大名枪”。

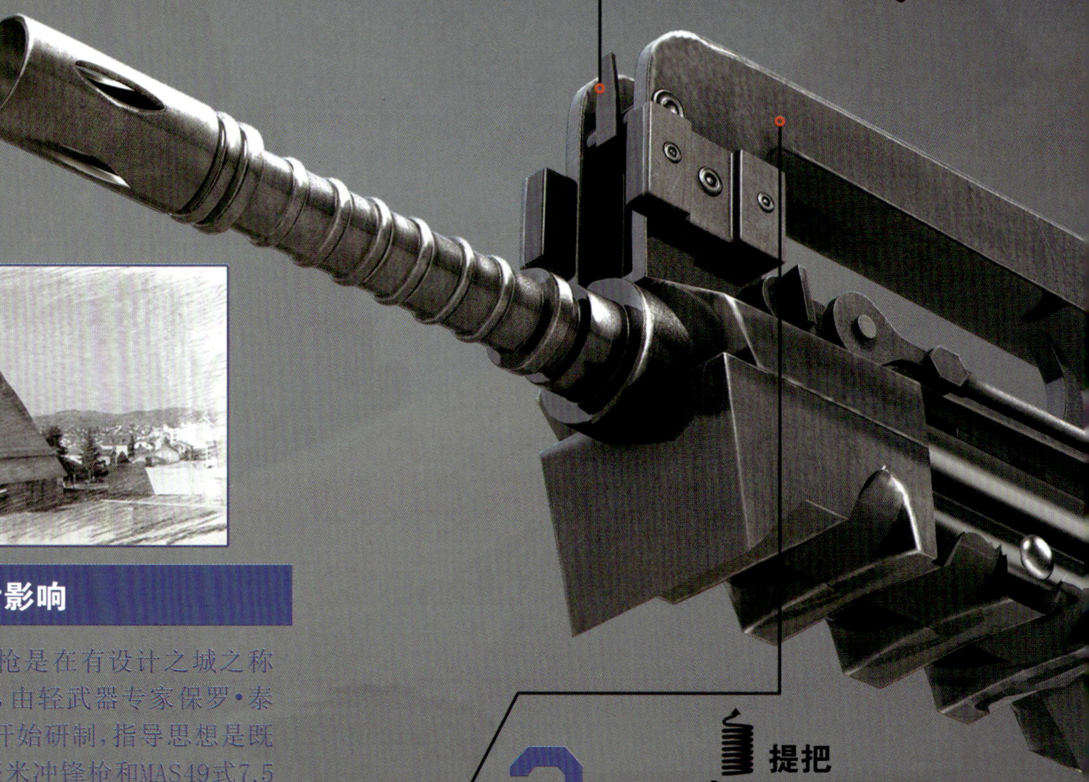

1 瞄准装置

机械瞄准具设在提把上，并有提把两侧的护板保护，提把上还配有瞄准镜座，能够安装各种光学瞄准装置。

2 提把

装有两脚架的提把采用增强塑料制成，质量小，牢固可靠，既保护瞄准装置，又起到隔热作用。

FAMAS 的传世影响

FAMAS突击步枪是在有设计之城之称的圣·艾蒂安生产，由轻武器专家保罗·泰尔设计，于1967年开始研制，指导思想是既能取代MAT49式9毫米冲锋枪和MAS49式7.5毫米步枪，又能取代一部分轻机枪。FAMAS发射的是雷明顿M193弹，是目前世界上现装备中长度最短的步枪。

4 枪托

FAMAS枪托内装有缓冲装置，不仅有助于保证发射枪弹的射击精度，而且还能吸收枪弹发射时的相当一部分后坐能量。

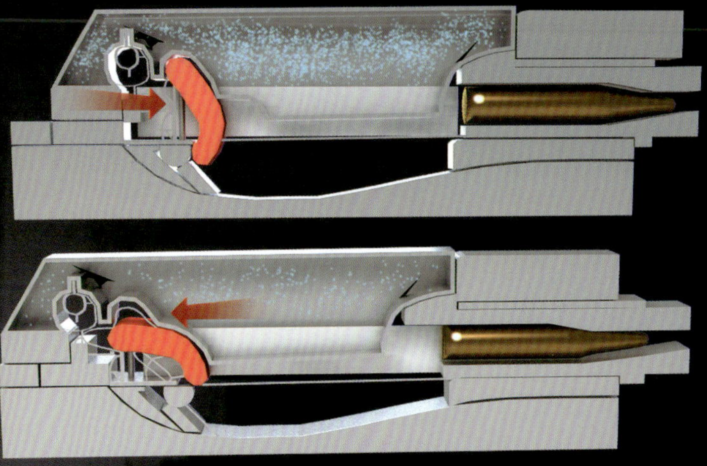

延迟杠杆

FAMAS有两个平行的L形臂——延迟杠杆，通过十字头插销连接。膛压高的时候，膛内压力作用到机头端面，使机头、延迟杠杆、机框闭锁端面紧紧地挤在一起，延迟杠杆不能转动，机框也不能向后运动。当膛内压力下降到延迟杠杆可转动时，机框才能向后运动。此外，它还带动保险阻铁从而控制击发机构。

法国 FAMAS(原型)

- 整体式瞄具提把
- 枪机置于枪托内
- 有单发、三发点射和连发三种射击方式

FAMAS G1 步枪(改进型)

- 整体式瞄具提把
- 取消了连发限制器的弹簧按钮
- 取消了两脚架

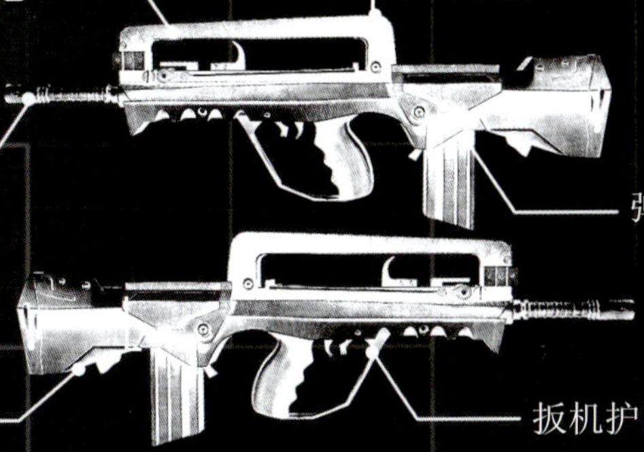

3 扳机护圈

扳机机构安装在下护木上，弹匣入口前方，扳机护圈可旋转180度，方便士兵寒冷环境下戴手套操作。

瞄具

机匣尾部安装一个L形翻转式标尺，有两个射程分别装定为100米和200米的觇孔，准星和照门都有护翼保护。

“3箭”合并的创意LOGO

意大利伯莱塔公司是世界上最知名的枪械制造公司之一，其中最令人津津乐道的是该公司标志中那3支箭所代表的意义，它们分别是：容易瞄准、弹道平直、命中目标。

金属枪托(M12S配用)

- 金属管制成
- 可折叠
- 位于枪身右侧

木制枪托(M12S配用)

- 木材质制成
- 可拆卸
- 固定枪托

意大利的皮埃特罗·伯莱塔有限公司是世界上最古老的枪械公司之一，16世纪后就开始生产轻武器，在20世纪末世界上许多轻武器生产商都处在步履维艰的境况时，伯莱塔公司依然坚持改进新工艺，开发新产品。伯莱塔M12S型冲锋枪就是在这样的背景下诞生的，全部枪身共由84个零件组成，短小精壮，结构合理，刚一推出便迅速成为意大利军队的制式武器。

THE KING OF CHARGING

[冲锋王者] M12S 伯莱塔冲锋枪

BERETTA M12S SUBMACHINE GUN WAS INVENTED DURING HARD TIME

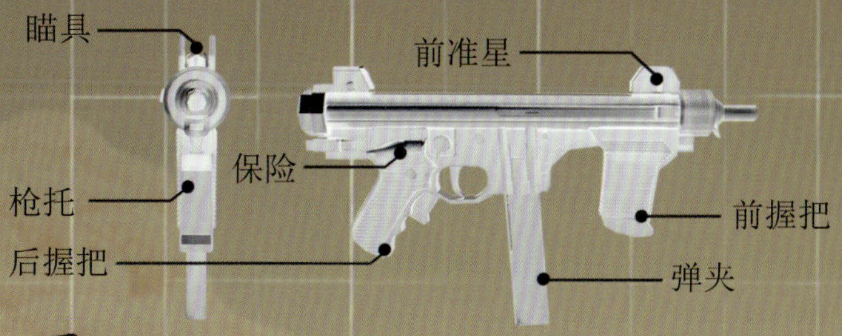

2 弹匣

M12S冲锋枪采用32发弹匣，弹道稳定，射击子弹密集，非常适合突袭战斗，如从敌人后面包抄以达进攻目的。

战场利器

M12S之所以成为战场上的利器是因为它有6条膛线而使右旋的弹道稳定，射击子弹密集，非常适合突袭战。M12S机匣的整体部件有前握把、弹匣插座、发射机座和后握把等。机匣内壁有较深的纵向排沙槽，能容纳污物，即使在沙暴、烟雾、雨雪等恶劣环境下仍能正常运作。

3 枪托

M12S采用包络式枪机和可折叠枪托，这样设计显得M12S的整体尺寸紧凑，便于隐藏和携带。

HORRIBLE SLAUGHTER

[强悍杀戮] M249 班用机枪

M249 SQUAD AUTOMATIC WEAPON'S STRONG ATTACKS

20世纪60年代，美军希望开发一种比M60通用机枪更轻，比M16步枪具有更猛火力的机枪。1970年，比利时的FN公司设计出一种5.56毫米小口径机枪，该枪经过多年的改进于1982年被美军正式定名为M249，美军带着M249参与了1991年的海湾战争，配合沙漠战场上的使用经验进一步完善，最后演变成为服役至今的名枪。

班用自动武器计划

1968年，美国决定实施研发小口径机枪的"陆军轻武器计划"，但经费问题却没有得到解决，作为支援武器，M16步枪在火力持续上稍弱，M60通用机枪因重量太大需要两人操作，均不合规格。1976年，由陆军、海军陆战队、空军和海岸防卫队组成的联合小组开始了5.56毫米班用自动武器计划。1982年，M249经过重重考验被美军选中。

提把

提把可以折叠，这样设计减少了伞兵服经常被固定提把钩住的现象。

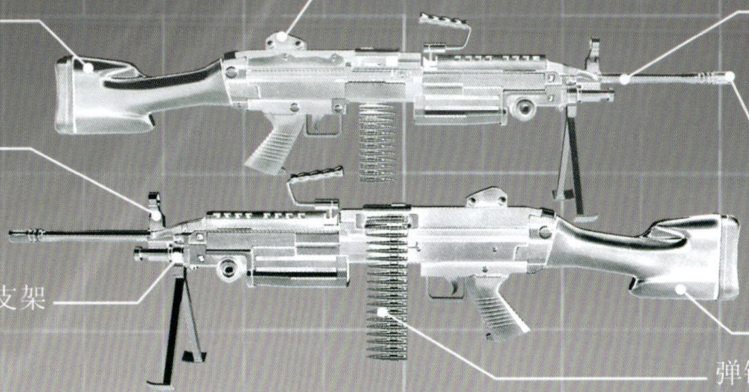

2 瞄具

可调风偏和高度的半固定有防护罩的立柱形准星，觇孔式照门。

弹匣供弹

- STANAG弹匣供弹
- 每个弹匣容量30发
- 可以插上M16弹匣投入战斗

弹链供弹

- M27弹链供弹
- 每条弹链容量200发
- 配放在硬塑料弹箱或软帆布弹袋内

4 枪管

枪管膛线缠距为180毫米，采用气冷式原理，枪管可通过枪管提把进行更换并由凸轮自动校正定位。

伊拉克战争中，美军装备的M249改进型，使用的是帆布制造的软式弹链箱，可以采用三种供弹方式。M249之所以设计了弹匣供弹方式，是因为实战中，如步兵在战场上越障、匍匐甚至涉水，携带的弹药必须能够承受恶劣的环境，弹匣中的枪弹能经受严苛考验。

多种供弹的优越性

3 气体调节器

排气口上的气体调节器能改变排气流量，调节射速，确保寒冷天气或枪械被污染等不同环境下的顺畅运作。

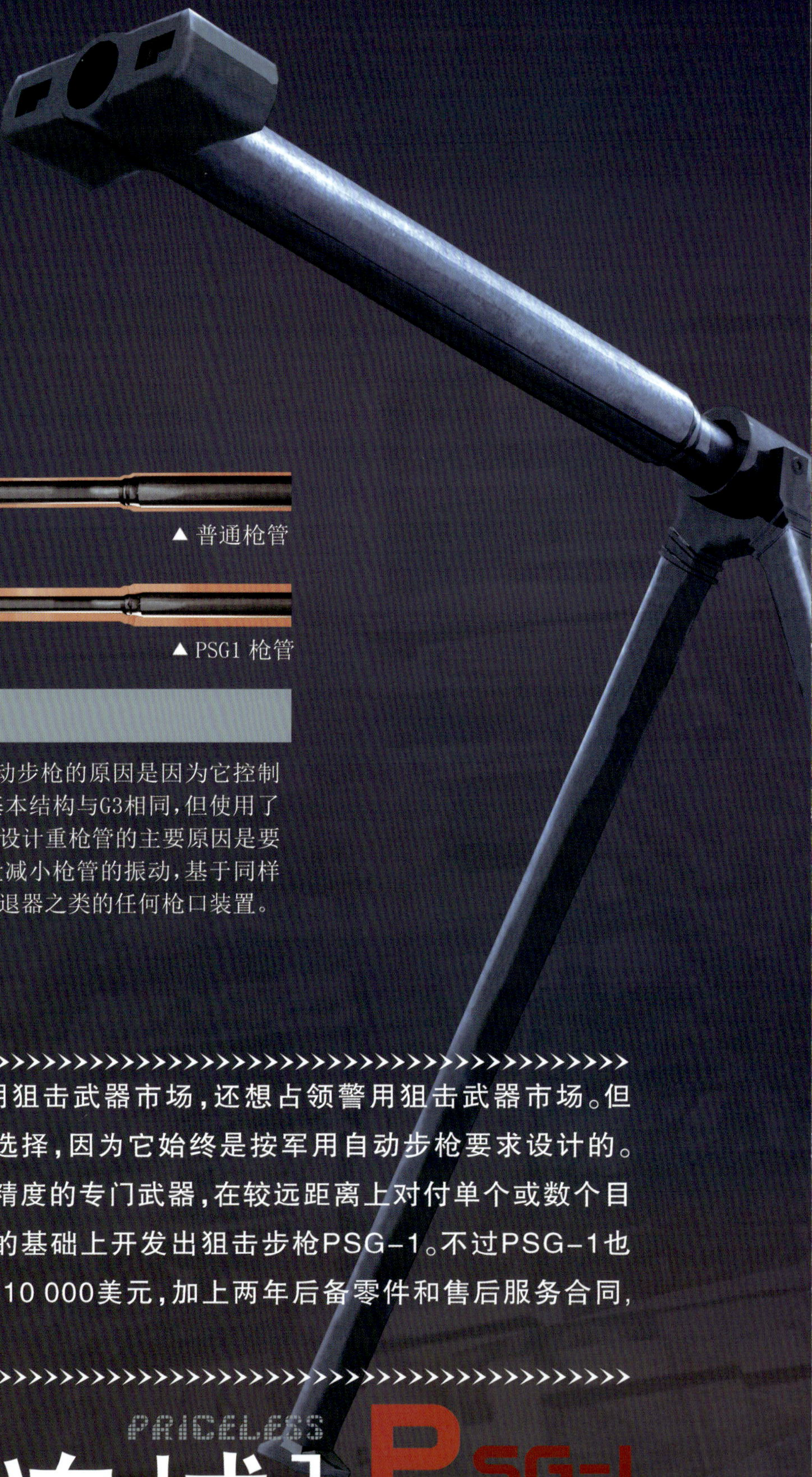

两脚架

- 塑料枪托的长度可调
- 可以选择支撑方式
- 两脚架比较方便

三脚架

- 只采用望远式瞄准镜
- 适用于高精度
- 三脚架会更稳定

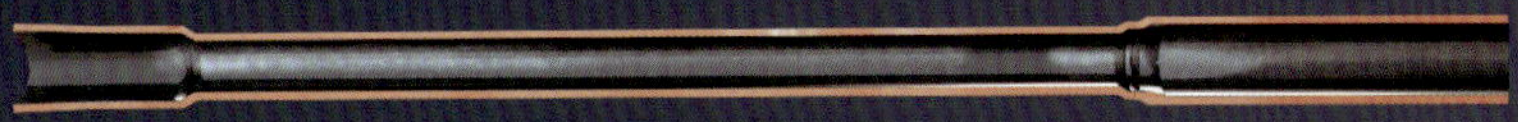

▲普通枪管

▲PSG1 枪管

设计重型枪管的必要性

PSG-1作为世界上最精确半自动步枪的原因是因为它控制得极其严格的制造公差，PSG-1的基本结构与G3相同，但使用了加厚的重型枪管，全枪重量比较大。设计重枪管的主要原因是要在射击过程中依靠枪管自身的重量减小枪管的振动，基于同样的目的，枪口部没有安装消焰器、制退器之类的任何枪口装置。

HK公司不仅想占领军用狙击武器市场，还想占领警用狙击武器市场。但G3/SG1狙击步枪不是最佳选择，因为它始终是按军用自动步枪要求设计的。而狙击手则需要一种高命中精度的专门武器，在较远距离上对付单个或数个目标。为此，HK公司在G3步枪的基础上开发出狙击步枪PSG-1。不过PSG-1也是狙击步枪中最贵的，单价约10 000美元，加上两年后备零件和售后服务合同，买得起的用户不多。

PRICELESS

[价值连城] PSG-1 狙击步枪

PSG-1 SNIPER RIFLE IS A HIGHLY SPECIALIZED WEAPON

令狙击手头疼的问题

PSG-1有一个特点就是在子弹击发之后弹壳弹出的力量相当大，据说可以弹出10米之远。虽然对于警方的狙击手来说不是个问题，但却很大程度上限制了该枪在军队的使用，因为这很容易暴露狙击手的位置。在清扫使用地点的时候黄铜弹壳也很难被找到。

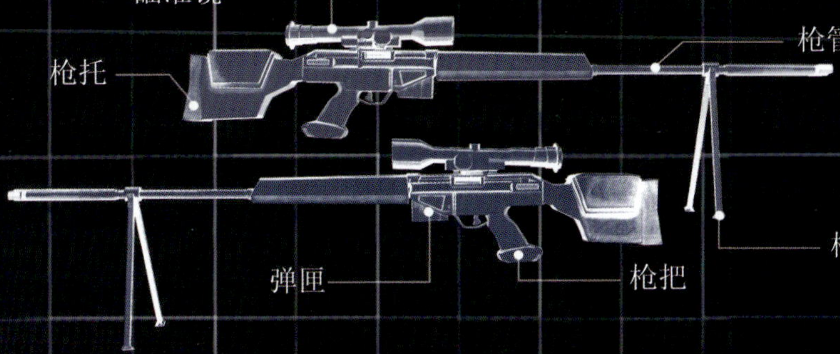

2 扳机

PSG-1有一个可以拆卸调整的扳机部件，可以令使用者更易适应该枪，扳机的行程可以调整，也可从扳机护圈中拆下。

3 枪托

塑料枪托的长度可调，枪托上的贴腮板高低可调，射手可以将枪托调节到最舒适的长度和高度。

1 瞄具

PSG-1不像其他军用狙击步枪那样装有应急的机械瞄具，而只采用望远式瞄准镜。

别斯兰人质危机中的"鬼见愁"

别斯兰人质危机是2004年9月1日，车臣分离主义武装分子为结束车臣战争，在俄罗斯南部北奥塞梯共和国别斯兰市第一中学制造的一起劫持学生、教师和家长作为人质的恐怖活动，有1200多人被劫为人质，造成326人死亡。9月3日俄罗斯的特种部队才将幸存人员解救出来，而他们使用的武器，正是VSS狙击步枪。

整合式抑制器

整合式抑制器就是枪管的一部分而非枪支的配件，抑制器为“额外加装”在枪口前用来降低击发时的噪音与火焰的。制造枪管时将抑制器的部位与功能列入制造程序，因此当枪管制造完工时就已经具备降低击发噪音与火焰的能力，不需要再“额外加装”抑制器了。

DICTATORSHIP

[螺纹独裁] Vss 狙击步枪

VSS SNIPER RIFLES HAVE STRONG ATTACKS IN ACTUAL COMBAT

VSS是“特种狙击步枪”的缩写，又名“螺纹剪裁机”，是一种由苏联开发的灭音狙击步枪。该狙击枪的隐蔽性非常好，几乎无发射火焰，灭音方面也做得很出色，使用9x39毫米弹药或SP6穿甲弹。该弹就算经过整合式抑制器降低初速之后仍然可以击穿防弹背心，可见其杀伤力的强大，俄罗斯特种部队在车臣战争中都对这种武器赞不绝口。

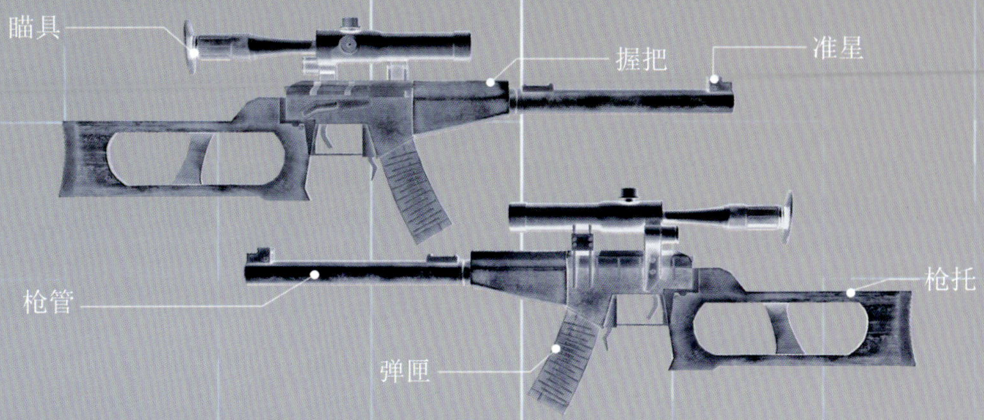

1 瞄准镜

VSS采用PSO-1瞄准镜（与SVD狙击步枪相同）以及NSPU-3夜视瞄准镜。

2 枪托

VSS是为特种部队研制的，没有独立的小握把，采用框架式的木制运动型枪托，枪托底部有橡胶底板。

VSS（俄罗斯狙击步枪）

- 全枪长89.4厘米
- 枪管长200毫米
- 容弹量10发

SVD（俄罗斯狙击步枪）

- 全枪长122厘米
- 枪管长620毫米
- 容弹量10发

VIOLENCE AESTHETICS

[暴力美学] MARK XIX 沙漠之鹰

THE "DESERT EAGLE" IS A KIND OF CLASSICAL WEAPON

1979年，美国麦格农研究所成功推出一款能射击.357麦格农大威力子弹的新式手枪，并将此计划称为“麦格农之鹰”。1981年成功推出最早的沙漠之鹰的原型枪，但因种种原因由“以色列军事工业”负责接下来的改良，经过反复试验和不断改进，第一把“沙漠之鹰”终于面世。它具有后坐力大、质量好、精度高、杀伤力强等特点。

永恒的黑经典 (Black)

- 最常见的黑色枪支
- 有减少反光，增强隐蔽性的功能
- 防腐蚀效果好

金色贵族 (Gold)

- 全世界共100把金色珍藏版
- 桃木盒包装
- 身份与实力的象征

为什么一般用户对“沙漠之鹰”都敬而远之?

“沙漠之鹰”巨大的后坐力，是一个可怕的问题，对于没有经验，或是轻视“沙漠之鹰”强大威力的枪手来说，第一枪就会对自己造成伤害，甚至导致自己右手腕骨折。电影《防弹武僧》中周润发可以手握双枪霸气十足地射击，但在实战中，用这样的握法射击，基本等于自杀!

握把

标志性难以单手握持的大握把，采用整体制造，一根弹簧销固定，为减轻巨大的后坐力内部采用两根平行的复进簧。

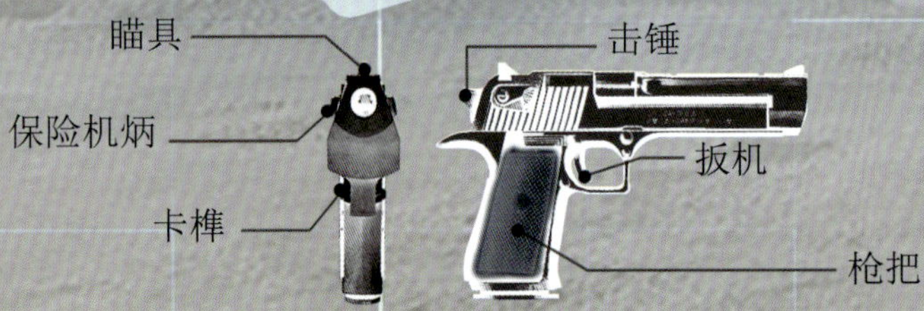

后坐力

后坐力的形成原理为火药气体从坡膛排出，沿枪管下侧流动，经过一个活塞套筒后坐8毫米。

3 弹匣

“沙漠之鹰”口径大小是随着弹匣容量不断变化的。可以更换不同口径的枪管、闭锁件弹匣以及三种不同的子弹。

手枪上的突破

“沙漠之鹰”使用了大威力的子弹，如果使用一般手枪的设计将在闭锁的强度上不足，所以使用了步枪常用的导气式自动原理。当弹头出膛后，部分火药燃气通过导气孔进入导气室，推动导气活塞工作。滑套后退时会连带着将枪机向后移动并退弹进入开膛状态，在滑套往后移动时，亦会将击锤压下呈待发状态。

2 铭文

枪支的铭文一般包括型号、生产国家或厂商、口径、生产批次等。

V型枪口制退器

由于外形酷似鲨鱼的嘴，俗称“鲨鱼嘴”，在手持式枪械上较少使用，多用于大口径机枪。

① 火药燃烧产生的多余热气从制退器中喷出。

② 产生与枪械后坐力相反的力，来抵消大口径枪械的后坐力。

③ 较大的冲击波、声响和火焰，对射手容易造成伤害。

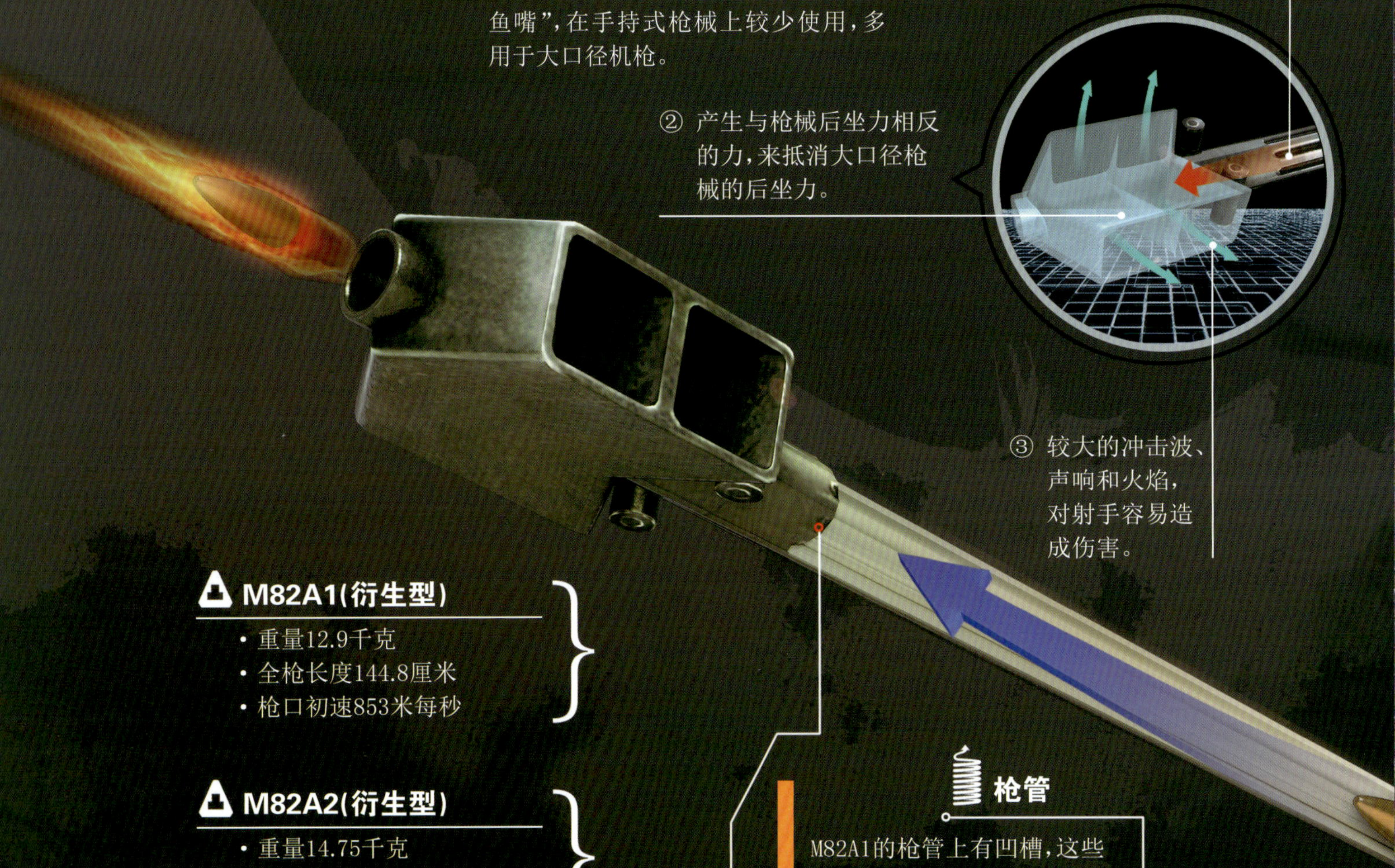

M82A1(衍生型)

- 重量12.9千克
- 全枪长度144.8厘米
- 枪口初速853米每秒

M82A2(衍生型)

- 重量14.75千克
- 全枪长度140.9厘米
- 枪口初速900米每秒

枪管

M82A1的枪管上有凹槽，这些凹槽可以起到加快散热和减轻重量的作用。

巴雷特的设计者朗尼·巴雷特原本只是美国田纳西州的一名商业摄影师，1981年，他设计出一支样枪然后创建了自己的公司，开始试着生产M82A1大口径半自动狙击步枪，这种疯狂之举却成就了一个武器爱好者的创业梦想。问世之初M82A1一直无人知晓，直到1991年的海湾战争，才算真正被军方认可。M82A1半自动狙击步枪，一般来说是作为反器械武器在战争中发挥作用的。

ONE SHOOT

[一击绝杀] M82A1 巴雷特

BARRETT M82A1 PLAY A ROLE IN INSTRUMENT WEAPONS

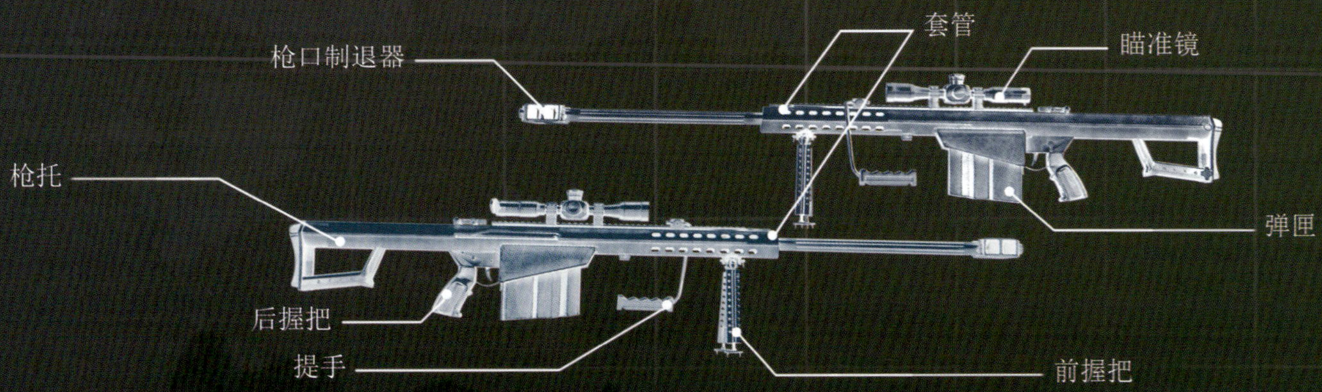

3 提把

M82A1的提把装在护木上面，位于瞄准镜前方，射击时可顺势放在护木的左侧，也可拆卸。

2 两脚架座

两脚架座可伸缩，能使M82A1架在三脚架、车、船等载具上在后坐过程中充当缓冲器，防止车体架座受损。

巴雷特M82A1采用枪管短后坐式原理，当弹头在膛内运动时，枪机和枪管牢固地扣在一起，会共同后坐一段距离，这段距离比该枪使用的枪弹长度要短，直至弹头飞离枪膛，膛内火药与枪体压力降低后完成开锁动作，枪管短后坐式原理就是枪机依照惯性继续后坐完成退壳、拱弹、闭锁、击发等一系列动作。利用枪管短后坐式原理制作的武器非常适用于配备在装甲车内，因为可以在膛压相当低时再开锁，这样车体内就不会遭受更多的火药气体污染。

什么是枪管短后坐式？

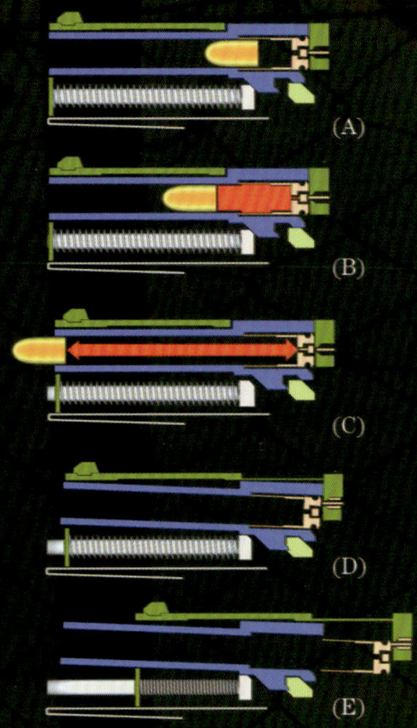

“格洛克”的超级工艺

Glock系列手枪最大特点是大量采用工程塑料，格洛克手枪的握把、扳机、弹匣外壳以聚合塑料制成，测试时处在200摄氏度高温的环境中也没有发生收缩等不良影响。与不锈钢相比，聚合塑胶材料拥有更高的应力强度，其应力强度较不锈钢高17%，耐腐蚀性也是不锈钢材料所不能比拟的。

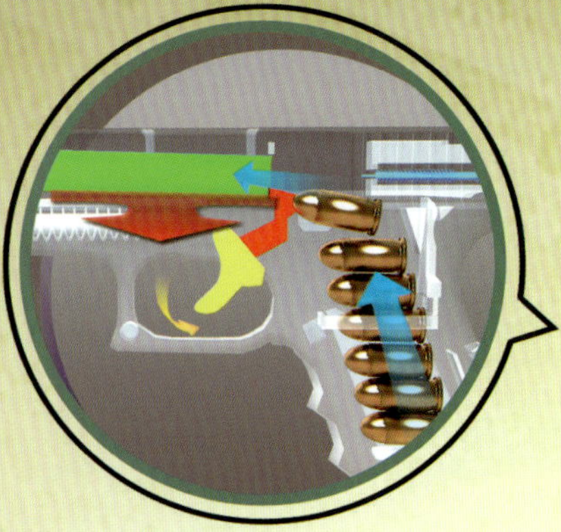

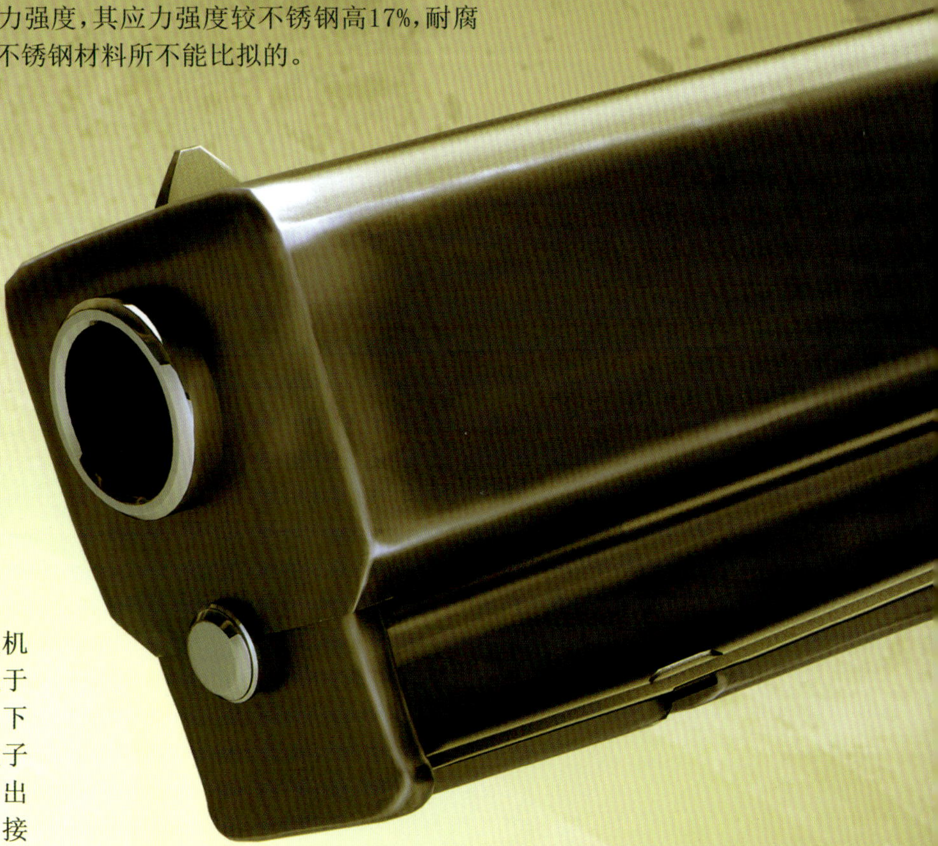

自动射击控制机构

Glock18的射击控制机构极其简单，在扳机拉杆上有一块向上突起的金属片。当快慢机处于全自动位置时，有另一片金属块从套筒后方向下凸出。当套筒在射击循环中向前移动将下一发子弹推进弹膛时，只要扳机仍被按压，套筒下突出的这个零件就会与扳机拉杆上突起的金属片接触，从而把扳机拉杆向下推，使扳机拉杆自动拉动压簧杆，解脱击针打击下一发子弹。

FAST ATTACKER

[时速刺客] GLOCK18 全自动手枪

GLOCK18 MACHINE PISTOL IS FASTER THAN THE 9MM BULLET

Glock18的前身是Glock17型手枪，两支手枪的设计者同为奥地利人盖斯顿·格洛克，他是一名精于聚合塑胶材料的工程师，Glock系列手枪的最大特点是易于保养，故障率低。Glock18虽然造价昂贵，却受到了各国政要、贵宾安全人员的极力拥戴。没有任何一种武器在阻止暗杀行动时比这把Glock18型手枪的9毫米子弹更快，它真可以堪称神龙见首不见尾的时速刺客。

标准弹匣

- 能容纳17发子弹
- 能在不到两秒的时间内发射完
- 能改为发射2连发或3连发的点射

大容量弹匣

- 能容纳33发子弹
- 很少装上超长型弹匣
- 大容量弹匣不太普及

3 握把

Glock18的握把是用合塑料制成，此种材质即使处于零下40摄氏度~零上60摄氏度温度环境也不会收缩。

2 双扳机

是指为减低扳机力使击发时更平稳的装置，一个扳机用在半自动模式，另一个扳机用在全自动模式。

1 保险

Glock18 滑套上有一射击选择钮，按下这按钮负责释放第一道撞针的保险，射手再按下扳机时立刻释放撞针来击发子弹。

ATTACKING SUDDENLY

[突击角逐] SG552短突击步枪

SG552 IS EXCELLENT AMONG THE MICRO ASSSULT RIFLE

20世纪80年代，黑帮在欧洲频繁活动，跨国犯罪势力日益强大，瑞士特警部队意识到有必要加强自身警备力量，以应对不可预知的治安压力，委请SIG公司研发新式武器，因此SG552短突击步枪在这样的背景下诞生。SG552最醒目的特点就是枪管在冲锋枪的基础上再缩短，SG552克服了枪管缩短给弹道性能带来的不良反应，用最中肯的控制力使它成为当代微型突击步枪的佼佼者。

SG551(基础型)

- 瞄准基线长466毫米
- 空枪重3.2千克
- 枪管长363毫米

SG552(改进型)

- 瞄准基线长360毫米
- 空枪重3.4千克
- 枪管长226毫米

1 枪管

枪管长度为226毫米，还不到SG550标准型步枪528毫米的一半，可以想象有效射程大概只有300米或更少。

步枪微型化

在不改变弹药本身条件的情况下，枪管缩短自然影响有效射程，不过在以近战为主的当代战争中，为避免近距离射击造成的跳弹、流弹有可能伤及自身或无辜第三者，宁可使用贯穿力略逊的武器，显然步枪微型化是目前风险最小，也最能发挥打击威力的发展趋势。

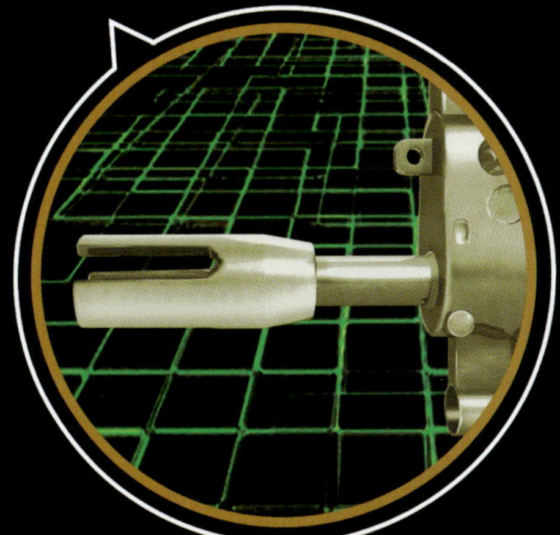

稳定射击的 4 条开槽

SG552的消焰器与枪管连为一体，消焰器由前向后有3条各90度角的指关节形开槽，射击中膨胀的火药气体通过3条开槽流出枪管。其原理是，在击发枪弹时，推动气体喷流的弹头起气门的作用，强迫膨胀气体在高压下通过枪口消焰器上的4个开槽泻出，有利于提高射击的稳定性，在实施单、连发射击及3发点射时，可以非常有效地阻止武器偏离瞄准目标。

2 U型瞄准器

适合100米以内近距离捕捉目标和在黑暗中射击，转筒式瞄具上附加有U型瞄准器，瞄准器侧面有发光源。

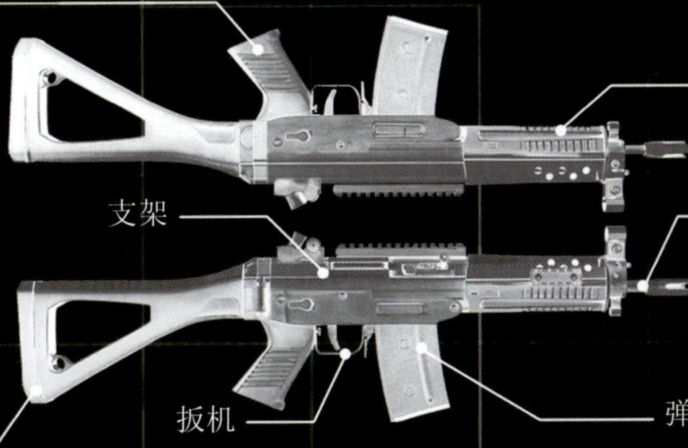

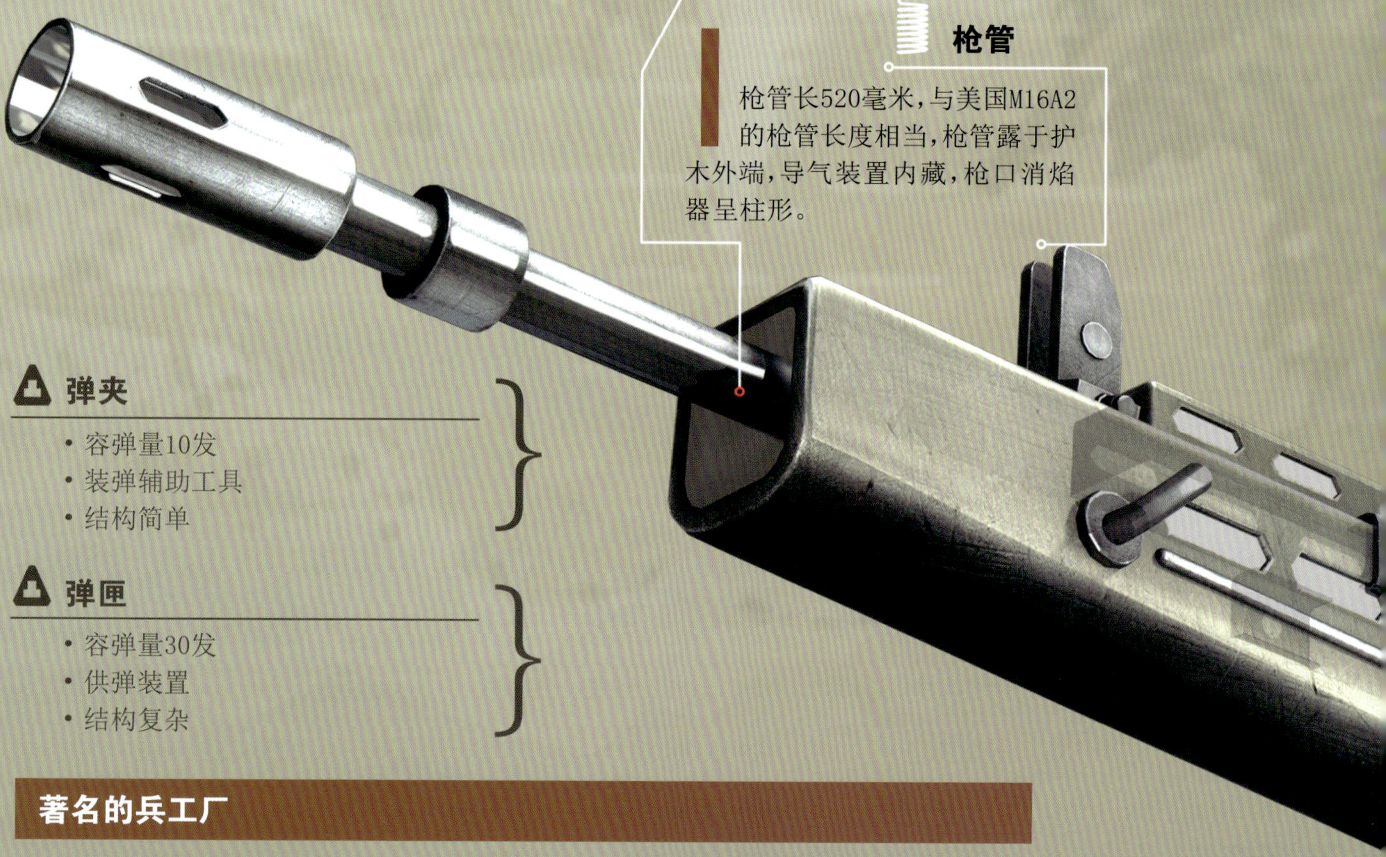

弹夹

- 容弹量10发
- 装弹辅助工具
- 结构简单

弹匣

- 容弹量30发
- 供弹装置
- 结构复杂

著名的兵工厂

恩菲尔德镇位于英国伦敦北郊，1804年，英国政府在那里建了一家兵工厂，最初的恩菲尔德兵工厂只负责组装布朗-贝丝燧发枪，后来发展成设施完善并具有研发能力的轻武器研究和生产厂。虽然英国皇家兵工厂不止一家轻武器工厂，但恩菲尔德却是主要的研发中心，在那里研制的步枪被冠以恩菲尔德步枪的名称。

20世纪70年代初，英国老牌枪械厂恩菲尔德兵工厂开始研制适用4.85毫米子弹的单兵武器，但由于北约国家纷纷采用5.56毫米子弹的小口径步枪，英国只好乘势将计划改为5.56毫米口径，并在1985年英国陆军验收了第一批名为恩菲尔德SA80式的突击步枪，也就是后来的L85A1式5.56毫米口径突击步枪。L85A1继承了老式步枪精确瞄准射击的优点，具有典型的西欧武器特点。

NOTABLE FAMILY

[名门之后] L85A1突击步枪

导气管上的三孔功效

L85A1的导气管上有正常气孔、加大气孔、关闭气孔三个气孔。加大气孔能在恶劣条件下使用，关闭气孔能在发射枪榴弹时使用。枪机在进行射击时导气套管在火药气体推动下后退，活塞杆负责把导气套管传递过来的冲量传递给枪机框，经过一个短行程后，再由四个径向孔排出废气。

3 机匣

该枪是无托结构，机匣即为枪托，在金属壳内有枪机进行闭锁、击发、退壳等动作，枪管和弹匣也是接在机匣部。

2 材质

大量采用冲压—焊接结合的工艺，护木、贴腮板和托底板是用塑料高冲击韧性尼龙制成。

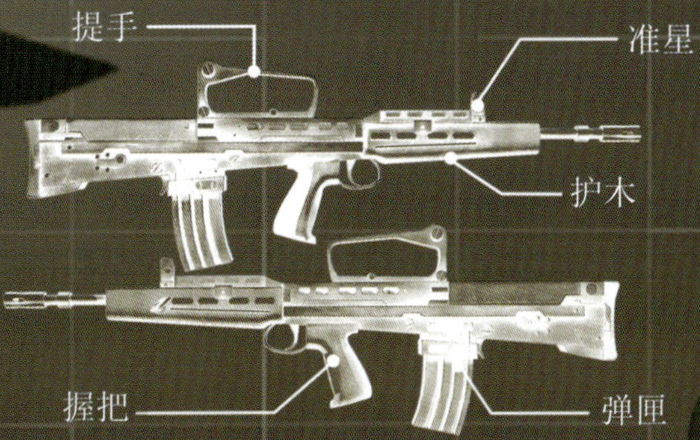

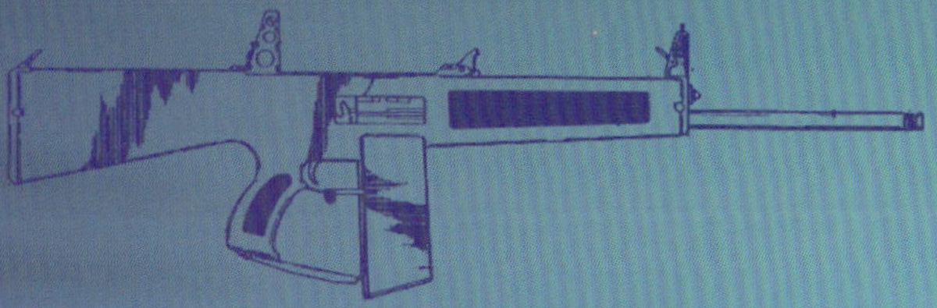

18年磨一"枪"

MPS公司的创建人巴伯儿在1987年买下了一直不得志的麦斯威尔·艾奇逊AA-12自动霰弹枪的专利权及全部图纸，然而当他们开始着手试制样枪的时候，才发现这些图纸不合规格，结果他们足足花了18年的时间来重新设计AA-12才将其研发上市。

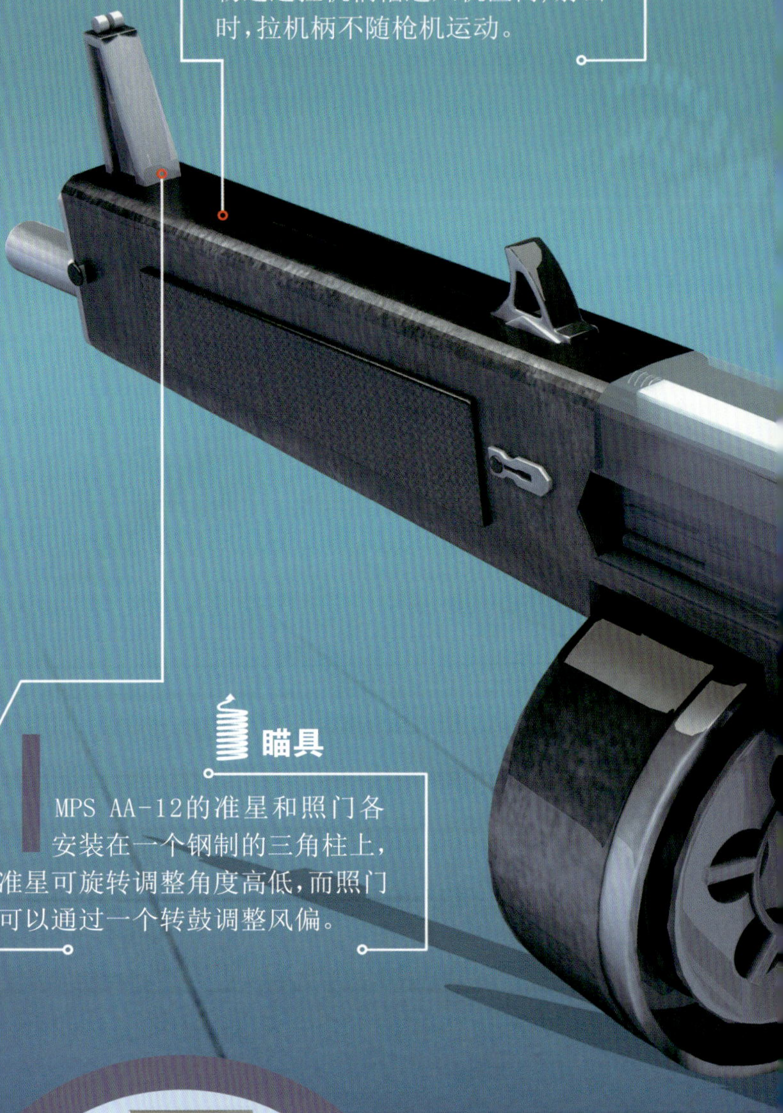

2 顶部拉机柄

顶部拉机柄有一个延长段能充当防尘盖，防止异物通过拉机柄槽进入机匣内，射击时，拉机柄不随枪机运动。

1 瞄具

MPS AA-12的准星和照门各安装在一个钢制的三角柱上，准星可旋转调整角度高低，而照门可以通过一个转鼓调整风偏。

弹匣(装弹辅助工具)

- 8发可拆卸式
- 可卸式外观呈盒状
- 压下释放按钮就能取出供弹具

弹鼓(装弹辅助工具)

- 20发和32发可拆卸式
- 圆型供弹具
- 装弹量比盒型弹匣更高

恒定后坐原理

MPS AA-12的设计中采用了"恒定后坐"系统，枪机组在后坐过程中不撞击任何固定物件，而是通过复进簧逐渐减慢运动速度直至停止。MPS AA-12的理论射速为300发每分，开锁待击也有助于降低后坐力，在连发射击中后坐感极低，除了枪声较大外，甚至单手进行射击也没问题。

THE PREDATOR

[铁血战士] MPSAA-12霰弹枪

MPSAA-12 AUTOMATIC SHOTGUN NEEDS TO BE CLEAN

1972年美国枪械设计师麦斯威尔·艾奇逊开发了一种发射12号口径霰弹的全自动战斗霰弹枪，并在1987年将专利权卖给美国的宪兵系统公司（简称MPS），MPS将原有蓝图上的188个零部件进行改进后，研制出AA-12自动霰弹枪。由于该枪大量使用不锈钢材质并且对内部的积灰间隙进行了设计，所以MPS曾宣称这件武器是不需要进行清洗或润滑的，但据设计者透露，在发射10 000发子弹后是需要清洗的。

3 枪托

枪托由玻璃纤维塑料制成，左右对半分开，枪托两侧有钢制的固定卡扣，只需要几秒就可完成枪托拆卸。

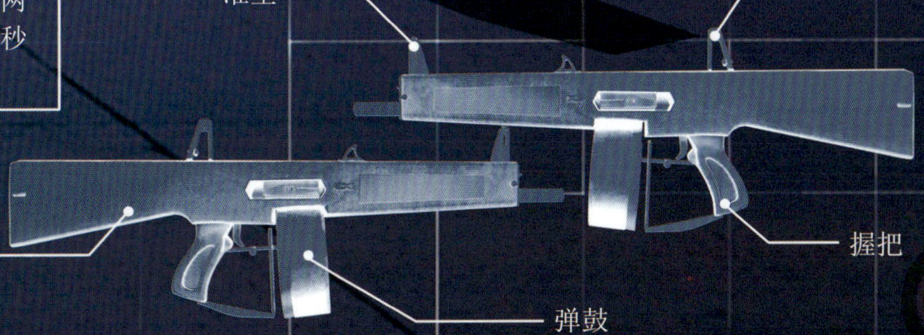

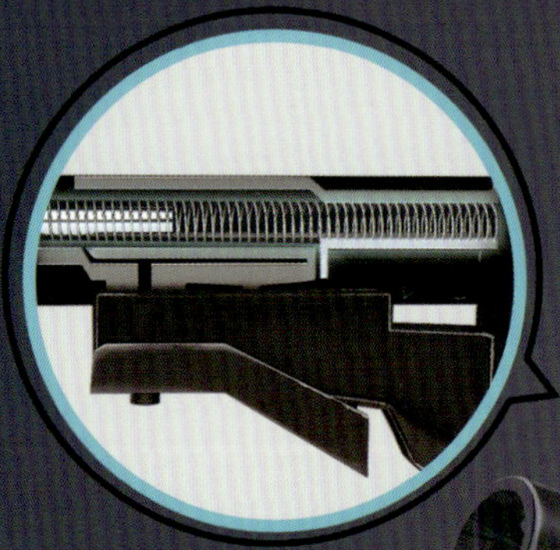

两个人体工程原理

M4A1本身具备了两个人体工程原理，一个是塑料制的包含金属的复进簧的枪托，可同时起到容纳复进簧和后坐力缓冲的作用，枪托与枪膛在一条线上能够减轻枪口上跳，这样设计会降低使用者的疲乏程度。另一个是枪口制退器上方携带提把的主瞄准具，士兵可以在导轨上安装传统的携带提把、瞄准系统或者各种光学设备，例如夜视镜。

1 枪管

一些M4A1装配较厚、较重的枪管，以减低全自动开火时所产生的热力，并且加厚铝质隔热层。

服役至今的精品

M4A1在美国的特种作战部队中服役，特别是美国陆军的游骑兵、海军陆战队的武力侦察队和海军的海豹突击队等。由于M4A1射程远、杀伤力大、后坐力小，可佩带多种附件，也受到其他作战部队及非一线作战人员的垂青。从1997年11月起，美军陆军全面正式装备M4A1，到1999年底现役部队全部完成换装。

2 榴弹发射器

皮卡汀尼导轨是M4A1的标准化附件安装平台，它使M4A1可以快速安装及拆下M203榴弹发射器。

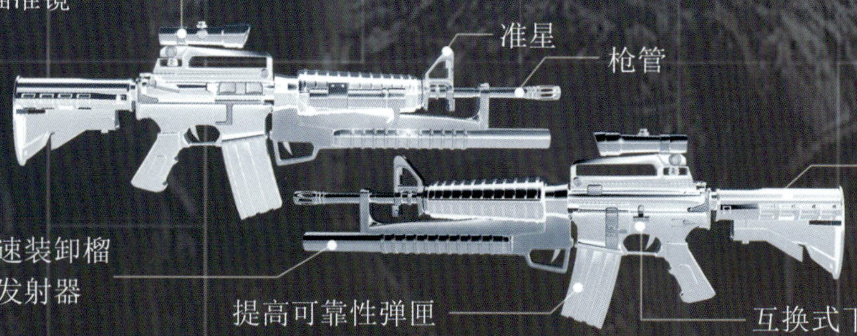

EXCELLENT WARRIORS

[城战尖兵] M4A1突击步枪

M4A1 CARBINE IS DEVELOPED ON THE BASIS OF M16 RIFLE

1991年海湾战争爆发前美军非前线战斗人员和空降部队提出卡宾枪的使用需求，于是授命于美国陆军部的柯尔特公司开始在M16突击步枪的基础上研制新的卡宾枪。1991年军方正式将新式卡宾枪定型命名为“美国5.56毫米北大西洋公约组织口径M4卡宾枪”，而后又研制了M4的改进型。在1994年，改进型被军方采纳，命名“美国5.56毫米北大西洋公约组织口径M4A1卡宾枪”。

M4(原型)

- 拥有“S-1-3”系统
- 空枪重2.771千克
- 连30发弹匣3.0千克

M4A1(改进型)

- 拥有“S-1-F”系统
- 空枪重3.0千克
- 连30发弹匣3.4千克

3 击锤组件

除弹簧和转轴由金属制成以外，整个击锤组件均由塑料制成。

射击冠军的发明生涯

AWP狙击步枪的研制者不是什么枪械专家，而是“自选步枪”射击的世界冠军马尔科姆·库帕。截至2012年，他是唯一一个连续两届奥运会在50米步枪三次比赛项目上获得金牌的射击运动员，同时他又是英国精密国际的创办人。一个将枪支精确度发挥到极致的比赛运动员研制的狙击步枪，你有什么理由质疑呢？

枪管

AWP的枪管没有直接和枪托接触而成为浮动式，是因为枪机容纳部由枪托中央的这片铝合金固定在框架上。

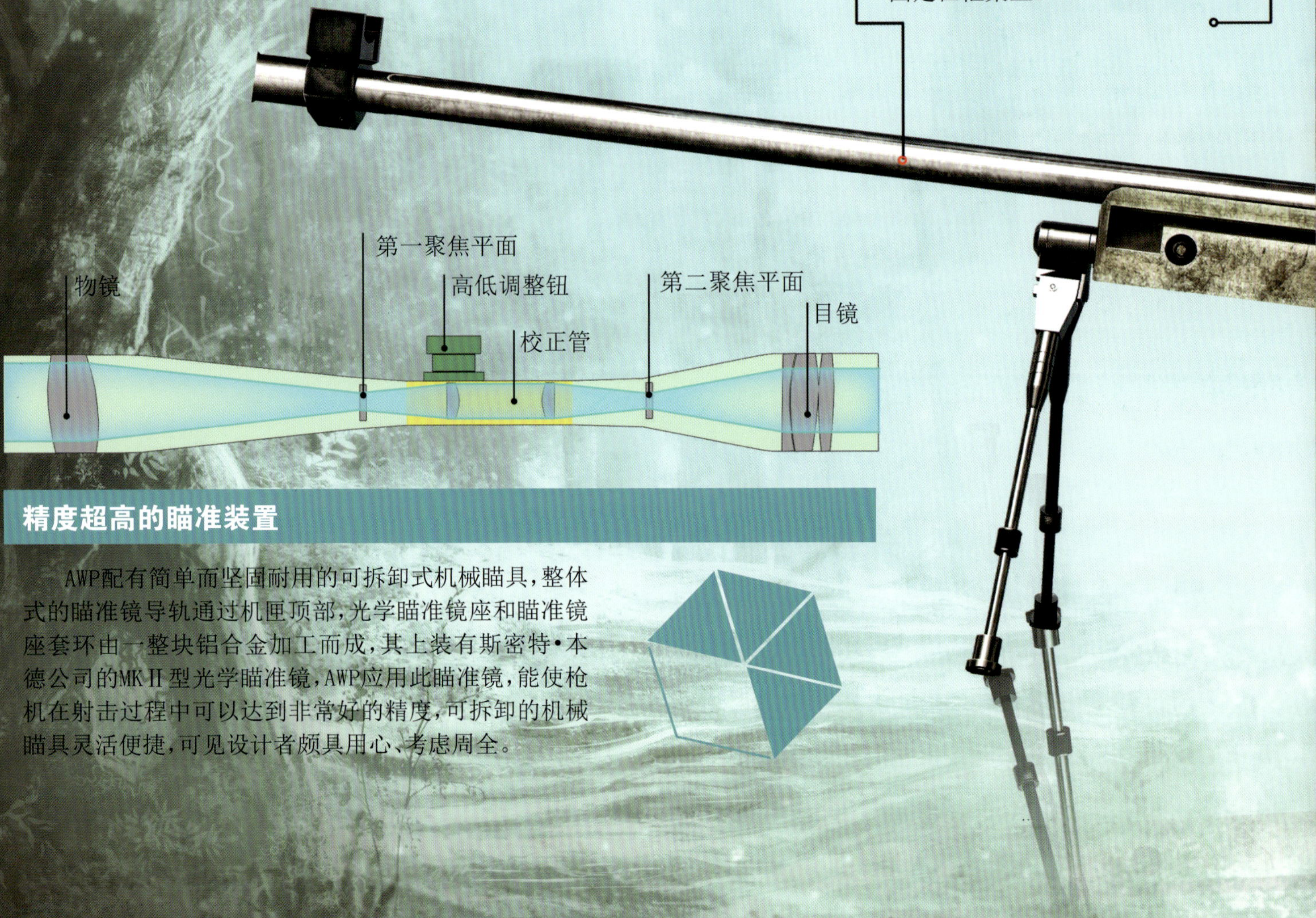

精度超高的瞄准装置

AWP配有简单而坚固耐用的可拆卸式机械瞄具，整体式的瞄准镜导轨通过机匣顶部，光学瞄准镜座和瞄准镜座套环由一整块铝合金加工而成，其上装有斯密特·本德公司的MK II型光学瞄准镜，AWP应用此瞄准镜，能使枪机在射击过程中可以达到非常好的精度，可拆卸的机械瞄具灵活便捷，可见设计者颇具用心、考虑周全。

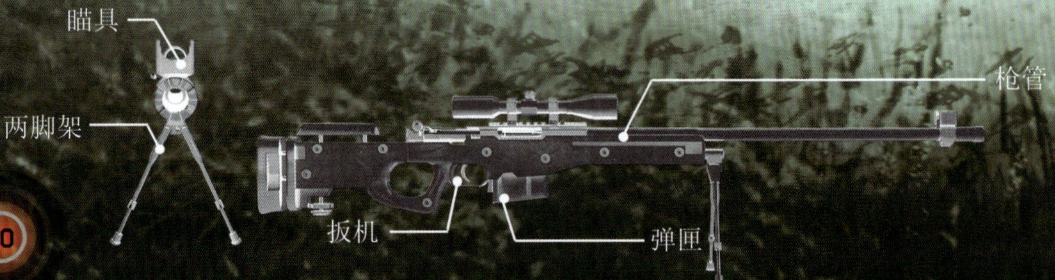

KILLER IN COLD

[寒战杀手] AWP狙击步枪

BRITAIN AWP SNIPER RIFLE CAN WORK IN THE NOTRH POLE

英国精密国际仪器公司为了赢得瑞典国防部开发新式狙击步枪的竞赛，1982年开发出一款即使在北极作战也能发挥强大杀伤力的狙击步枪，取名北极战争警察，简称AWP。顾名思义AWP是专门给警察使用的枪械，最具特色的地方是基座为黑色而非亮绿色。该枪在国际市场上有与日俱增的销量，无疑证明AWP是一款经典之作。

2 机匣

枪机后面，由一整块锻钢加工而成的机匣，机匣底部和两侧平，枪管和弹匣接在机匣部。

3 扳机

AWP采用可调整的两道火扳机，扳机力为15牛~18牛，运行顺畅，释放清脆。

AWP(标准型)

- 全枪长112厘米
- 有效射程600米
- 英国执法机构和国内安全部门警用枪

AWM(加长型)

- 全枪长127厘米
- 有效射程300米
- 参加过阿富汗和伊拉克战争

发展中的极致

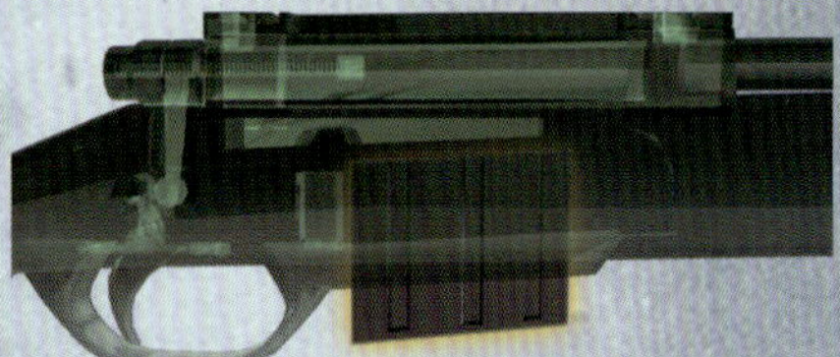

M700的拉柄位于枪栓底部，非常容易操作，弹仓为5发内置双排弹仓，与枪身齐平，这样使枪机不会钩到外物，枪托中央的横向后坐力卡榫，可以有效稳定枪托的力量分配，所有精细的设计考量已将手动枪栓步枪发展到了极致。

BDL(民用型)

- 可开式弹仓
- 表面处理及枪托用料好
- 价格稍贵

ADL(民用经济型)

- 密封式弹仓
- 表面处理及枪托用料较差
- 价格比较便宜

世界上最强大的旋转后拉式枪机步枪

M700狙击步枪采用的是旋转后拉式枪机原理，枪机内部有一根圆形枪栓，能够在闭锁前将子弹推入膛室内，然后将拉柄下转，枪栓上的突耳会随之转入机匣或枪管延伸部的凹槽内完成闭锁动作，如果要开锁，上转拉柄再向后拉，枪机机件自然完成退壳和抛壳等一系列动作。

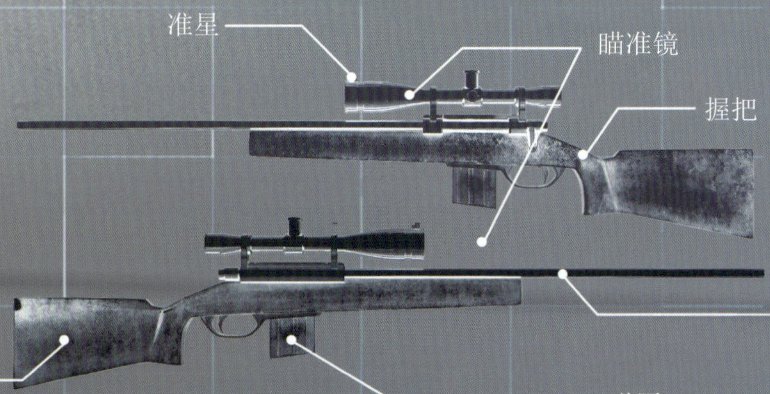

THE ACE SNIPER

[王牌狙击] M700 狙击步枪

M700 IS THE TOP1 AMONG THE SAME-LEVEL SNIPER RIFLES

M700狙击步枪即雷明顿民用型700步枪，是雷明顿武器公司在1962年推出的王牌狙击步枪，雷明顿武器公司在广告中称：“它是世界上最强大的旋转后拉式枪机步枪。”该枪的改进型于1989年正式装备美国陆军，敏感的扳机以及最优质的不锈钢重型枪管使它不负众望，在同等级的狙击步枪里面，几乎没有能与M700比肩的。

3 枪栓导气孔

闭锁时会面向左方的卡榫导槽，万一子弹底部因故炸裂时，炽热的瓦斯就会从两个导气孔向左侧排出。

1 浮质枪管

M700的枪管直接与机匣连接，不与护木等其他部分接触，这种设计枪管受外界的影响少，精度高。

2 保险

M700在不射击时，手指千万不要触碰扳机，如果食指放在扳机上，用拇指去拨保险，非常容易引起意外击发。

308 Winchester 子弹

- 铅芯
- 美国最受欢迎狩猎、竞赛用弹
- 弹壳类型为有缘缩口

7.62×51 毫米北约子弹

- 铅芯
- 是北约成员国标准用弹
- 弹壳类型为有缘缩口

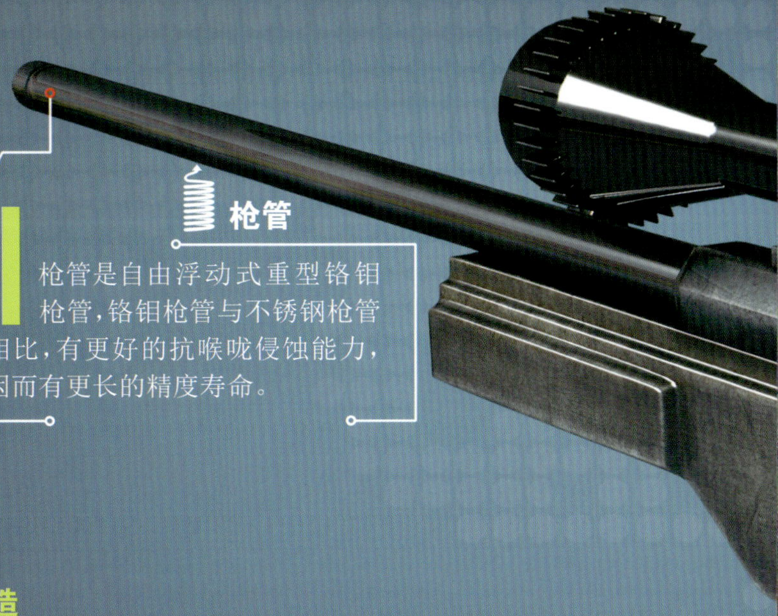

枪管

枪管是自由浮动式重型铬钼枪管，铬钼枪管与不锈钢枪管相比，有更好的抗喉咙侵蚀能力，因而有更长的精度寿命。

冷锻工艺的匠心缔造

TRG-21的核心就是冷锻造的机匣和枪管。冷锻材料大都是室温下变形抗力较小、塑性较好的铝及部分合金、铜及部分合金、低碳钢、中碳钢、低合金结构钢。机匣的大型座床表面以三根螺钉与铝合金制造的座床块连接，能达到最大的稳定性。冷锻技术成形精度比温锻和热锻都要高，冷锻工艺提高了内膛光洁度、尺寸精度，延长了枪管的寿命，为TRG-21提供了最大的强度、最低的重量以及良好的耐磨性。

1989年，位于芬兰里希迈基的枪械制造商沙科有限公司根据狙击手的要求做了一个彻底深入的调查，然后开始研制新型的手动狙击步枪，同年推出了.308 Winchester口径的TRG-21高精度手动步枪，并将其作为新型号狙击步枪角逐市场。这种手动枪机设计的改进一直持续至今，在最近沙科制造的猎用步枪上有所发现，例如目前生产型号的沙科85和已被列入旧型号的沙科75。

ASSASSINATING IN SHADOW

[暗影杀机] TRG-21 狙击步枪

TRG-21 SNIPER RIFLE IS CONSTANTLY BEING DEVELOPED

2 燕尾槽

机匣顶部设有燕尾槽，用于安装瞄准镜座，其前端设有固定突耳，用于瞄准镜座的前方限位。

芬兰里希迈基的枪械研发公司

TRG系列狙击步枪是芬兰里希迈基的枪械制造商沙科有限公司开发研制，该公司是以生产高精密度的比赛级步枪著称。例如芬兰之星TRG-42专业狙击手用枪，此枪最远可击毙距离2000米外的猎物，集惊人的破坏力与轻便的重量于一身。以至于动画片《流星之双子》里的主角苏芳使用的超巨型狙击步枪也是跟此枪有血缘关系。

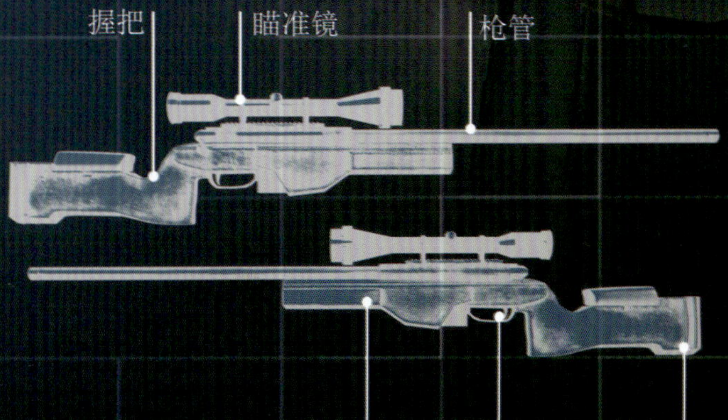

3 扳机护圈

安全槽用于防止因调整过度导致扳机撞击到扳机护圈，影响射击，扳机护圈的下方设有方便调整的工具让位窗口。

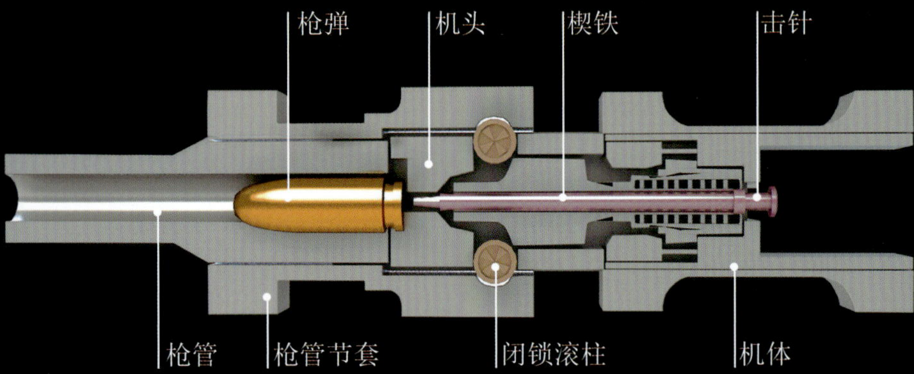

半自由枪机式工作原理

M960的一个重要特点是当膛内压力很高时部分附加机构能够提供相当大的阻力，使发射后的弹壳不会过多地退出弹膛，能够避免炸壳事故发生，卡利科的抛壳方向与其他枪械不同，方向是朝下的，该枪是少有的使用弹壳收集器的枪械，随着膛压降低，阻力也会下降。半自由枪机比自由枪机的优势在于闭锁机构不是那么繁琐。

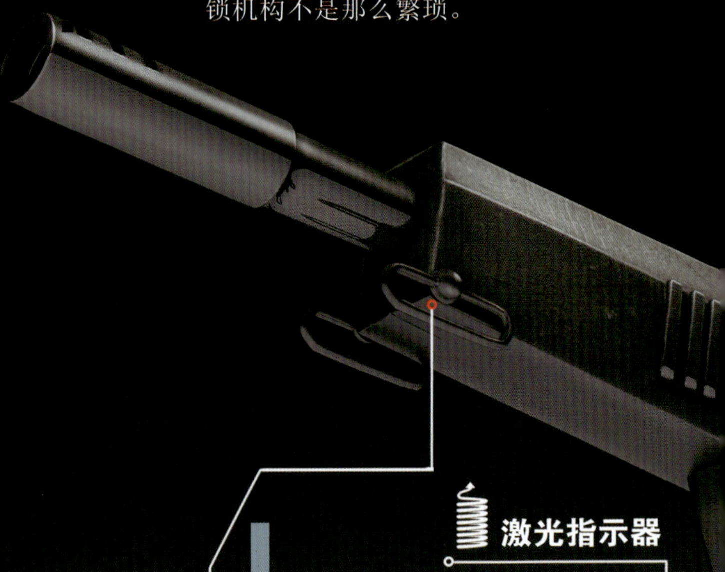

50 发弹匣(该枪配用)

- 螺旋式
- 长184毫米
- 重311克

100 发弹匣(该枪配用)

- 螺旋式
- 长305毫米
- 重482克

激光指示器

配有瑞典艾姆波音特瞄镜、激光指示器及其支座等，激光指示器安装在枪管之上，前握把部件前。

世界黑帮的选择

卡利科冲锋枪1990年面世以后，由于其独特的设计理念和炫酷的外形，在市场上大受欢迎，市场主力基本是执法人员和军火市场，在军火市场基本被黑帮消化。

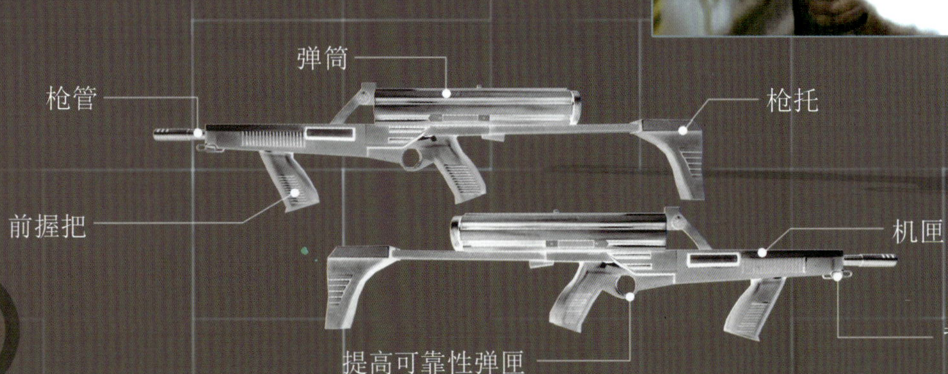

WEIRD GUN

[叮当怪胎] M960 卡利科

CALICO M960 SUBMACHINE GUN IS AN EXCELLENT "TOY" WEAPON

1989年美国卡利科轻武器公司推出一款外形"怪异"的冲锋枪，初衷只是作为靶场上的民用玩具，就是用来射击一些叮当作响的物件图开心，这种玩具在民间被称为"叮当枪"。但令设计者没想到的是，最初只为换弹方便而设计的大容量弹匣，却为该枪带来了势不可当的强大火力持续性。随后军队、执法部门也开始注意到这支火力强大、持续性强、构造紧凑的冲锋枪，事实证明，这是一支决不能简单用作"玩具"的优质武器。

2 减速器

装在小握把内，1~2000发每分射速之间随意调整的部件，600~700发每分射速为正常所需，满足军、民要求。

3 大容量螺旋弹匣

弹匣为圆柱形，由带7条导槽的输弹滚轮、螺旋式隔板、供弹口构成，弹匣有两种，容弹量较大。

1 瞄准器

由于P90枪身短，所以使用RingSights公司特制的光学瞄准器。此瞄准器可以由射手微调，并能与夜视器配合使用。

3 子弹

全新的5.7×28毫米SS90、SS190子弹，子弹拥有低于手枪的后坐力，却又高于手枪的穿透力。

FN P90(原型)

- 枪管长263毫米
- 空枪重2.54千克
- 有效射程150米

P90 TAC(改进型)

- 枪管长230毫米
- 空枪重2.768千克
- 有效射程200米

独一无二的枪机内构

FN P90在子弹未被送入弹膛之前，子弹会借助一个斜面变成单排供弹，然后靠自身重力落到一个设计巧妙的转动装置上，转动90度之后与枪膛对正，再由枪机推动上膛。弹匣的这种安装与供弹方式实属前所未有，它没有增大武器的外形尺寸，却使武器的结构更加紧凑，又便于卧姿射击，大大提高了士兵的隐蔽性和生存能力。

2 弹匣

FN P90的供弹机构非常值得一提，弹匣由茶色透明高强度塑料制成，可随时检查容弹量。

SHOOTING IN 10 STEPS

[个人防御] FN P90冲锋枪

FN P90 IS A PIONEER IN INDIVIDUAL DEFENSE

二战后，突击步枪开始兴起，冲锋枪成为了非全职战斗人员的配备，他们要面对的是敌方武装到牙齿的特种部队，现役9毫米口径的冲锋枪，根本无法洞穿防弹衣，连最基本的自卫能力都达不到。于是美国开启了小火器主导计划，第一次提出“个人防御武器”的概念，随后，比利时FN公司在1990年成功研发出这支P90冲锋枪，满足了其他枪支无法达到的个人防卫武器要求，成为单兵防卫武器的先驱。

世界上第一支单兵自卫武器

自20世纪90年代起，部分先进国家已经适应现代战争的高端军用装备，FN P90冲锋枪恰好符合个人防卫武器其兼有冲锋枪的轻便、小型突击步枪的中距射程和近距离贯穿力的要求，作为世界上第一支单兵自卫武器一经问世便震惊世界，直至11年后，HK公司才设计出有类似功能的MP7，可见它在轻武器发展史上有多么超前。

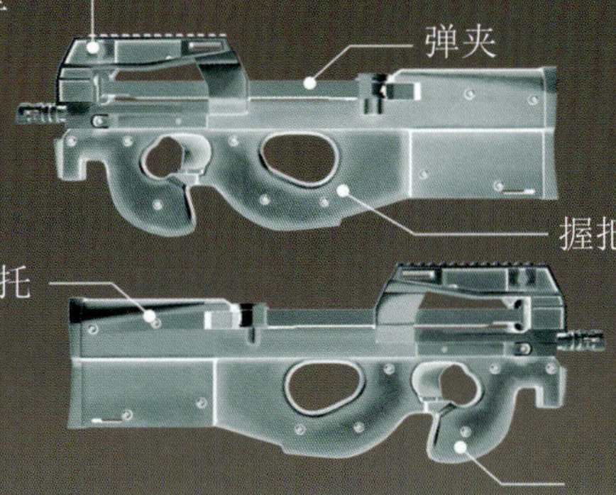

4 握把

外形建基于深入的人因工程学研究，握把类似竞赛用枪设计，扣把的手可以与头部靠近，同时保持舒适。

枪口

圆型枪口，是必不可少的组件，枪口衬套上有螺纹，可用于安装消声器或圆筒形的消焰器。

突破传统

TMP的结构不同于传统的冲锋手枪。该枪没有套筒，机匣分为上、下两个，枪管、枪机都装在上机匣内，而扳机组、击锤组和保险装置在下机匣。上、下机匣均由聚合物制成，由于上、下机匣之间的连续缝很清晰，中间设有一个滑动式的分解按钮，看起来很像手枪的空仓挂机柄，不认识此枪的人很容易把上机匣当成普通半自动手枪的套筒。

我们经常会在电影中看到拿着小手枪的警察被匪徒手中的冲锋枪打得狼狈不堪。而在20世纪90年代前也的确如此，在遭遇突发事件时，警察往往来不及装备重型武器，随身携带的手枪火力根本无法发挥作用。有鉴于此，执法人员迫切需要一种火力接近冲锋枪而又能像手枪一样方便携带的警用武器，于是，浑身散发着金属质感黑色的TMP冲锋枪出炉。

FANG OF WAR

[战争獠牙] TMP 冲锋枪

STEYR TMP SUBMACHINE GUN IS EXCELLENT IN AUSTRIA

3 瞄具

TMP的准星为柱形，照门是缺口式，瞄具不能调，TMP的设计只针对50~100米内使用，还可安装光学瞄具。

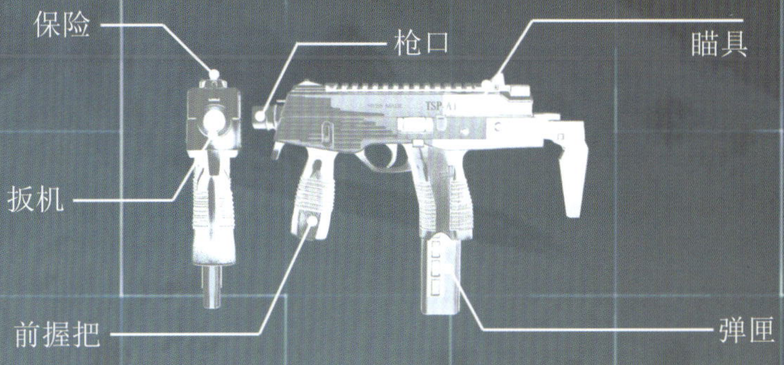

TMP(原始型)

- 没有枪托
- 弹匣有20发和30发
- 有整体式的前握把

TMP(改进型)

- 增加了一个可拆卸的塑料枪托
- 枪托增强了瞄准性能
- 加长了可视距离

平衡冲锋

TMP在设计之初，设计人员认为枪托会影响士兵的反应速度，只在下机匣上安装了整体式的前握把，射手将背带调整到适当的长度，双手紧握武器向前伸直，背带就刚刚好绷紧，这时就能有效地控制武器精度。之所以这样设计的原因是TMP与一般冲锋枪不同，它很容易保持瞄准线的定位，上跳不严重。

2 弹匣

TMP标配的弹匣有20发和30发，但也可能通用SPP手枪的15发弹匣，枪口衬套上有螺纹。

皮卡汀尼导轨

皮卡汀尼导轨又叫做鱼骨，中文简称皮轨，是一种安装在轻武器上的标准化附件安装平台。

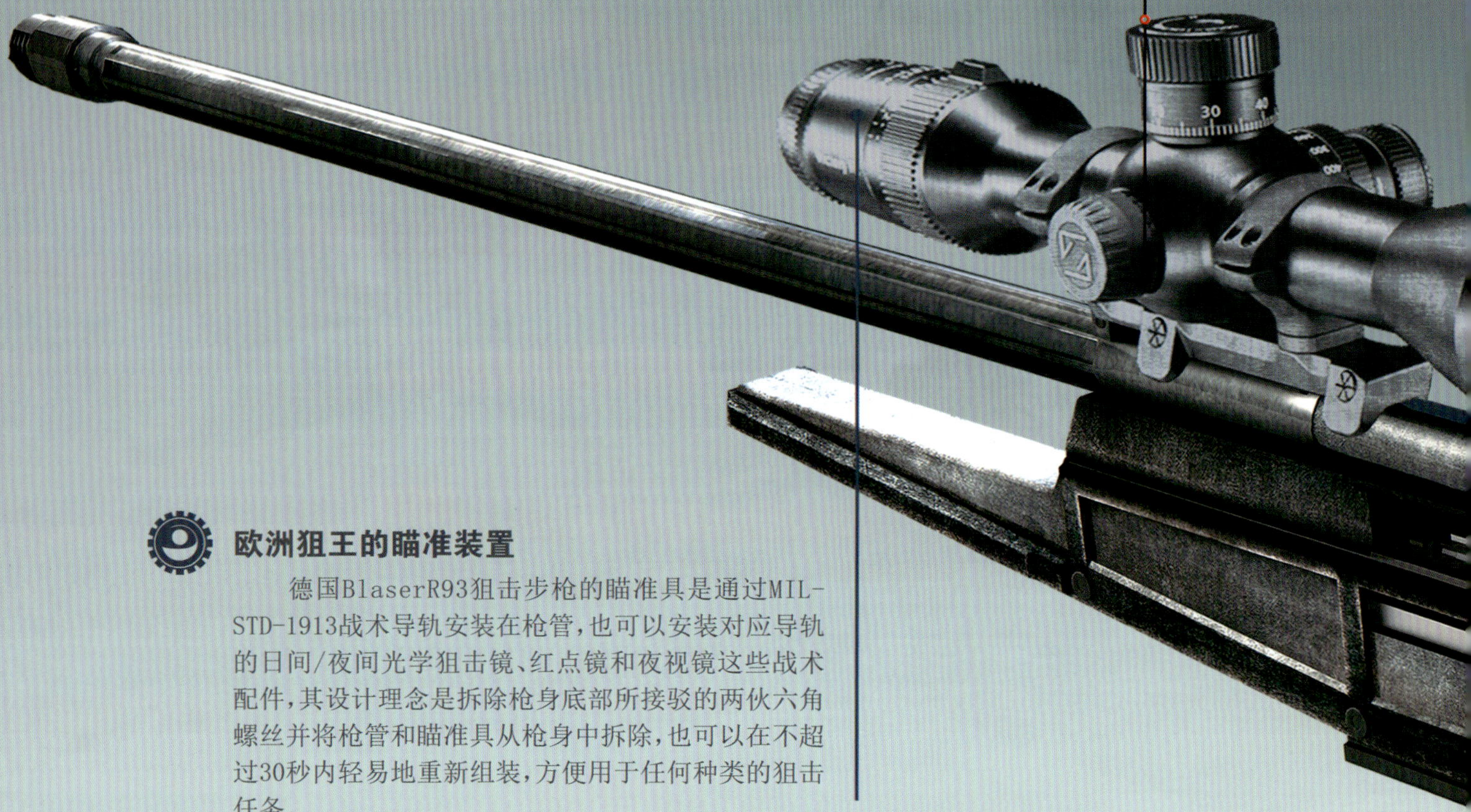

欧洲狙王的瞄准装置

德国BlaserR93狙击步枪的瞄准具是通过MIL-STD-1913战术导轨安装在枪管，也可以安装对应导轨的日间/夜间光学狙击镜、红点镜和夜视镜这些战术配件，其设计理念是拆除枪身底部所接驳的两伙六角螺丝并将枪管和瞄准具从枪身中拆除，也可以在不超过30秒内轻易地重新组装，方便用于任何种类的狙击任务。

BlaserR93狙击步枪是德国Blaser公司生产的系列猎枪的战术型专用狙击步枪，适合军用或警用，该枪需要用手动方式完成子弹的填装，直拉式设计可以使枪机操作比其他传统的手动枪机拥有更快的操作速度，熟练的射手可以使其射击速度不亚于一支半自动步枪，再加上原厂特制的比赛等级弹药，使其素有“欧洲狙王”的美称。

THE KING OF EUROPEAN SNIPER RIFLE

[欧洲狙王] BLASERR93 狙击步枪

BLASER R93 IS SPECIALLY USED FOR TACTICAL ATTACKING

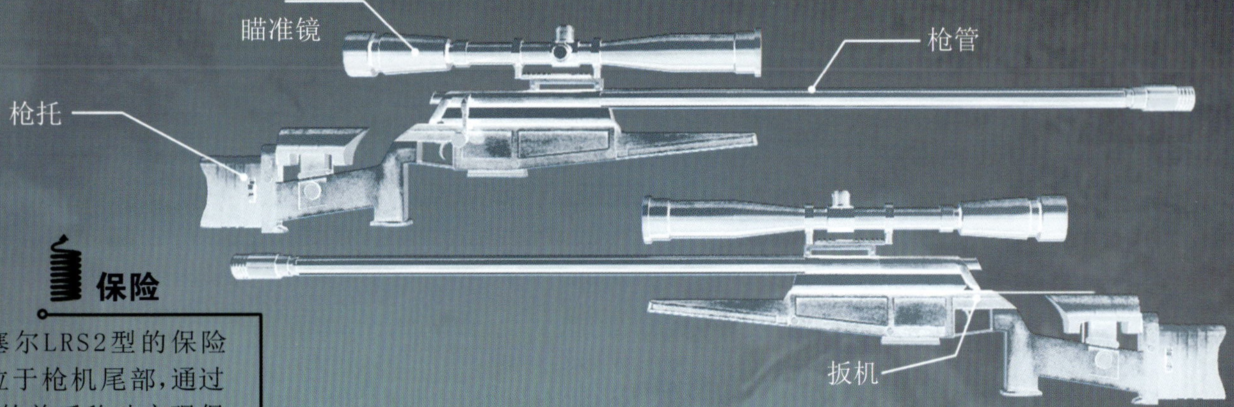

3 保险

布拉塞尔LRS2型的保险机构位于枪机尾部，通过一个保险滑块的前后移动实现保险的锁定和解脱。

电影大咖的最爱

BlaserR93狙击步枪以其“欧洲狙王”的身份出现在电影中，必定是带着“任务”去的，而它的“任务”很简单，出现时让观众由衷地惊叹一声即可。比如在《蝙蝠侠：黑暗骑士》中BlaserR93帅气地装上狙击镜和两脚架，在哥谭市特警队狙击手中显得威风凛凛，而在《速度与激情6》中BlaserR93与巨石强森的搭配更是默契十足。

BlaserR93（德国制造）

- 系列猎枪的战术型
- 使用5发.338LapuaMagnum装弹
- 采用直拉式设计

VKS（俄罗斯制造）

- 反器材步枪
- 使用12.7×54毫米亚音速步枪子弹
- 采用直拉式设计

2 扳机

BlaserR93扳机设计充满新意，最大特点是没有传统设计中的阻铁，击发时只需很小的力量扣动扳机即可实现击发。

THE POCKET PRINCE

[袖珍王子] USP半自动手枪

THE CREATIVE BREAK OF HK USP SEMI-AUTOMATIC PISTOL

1993年德国黑克勒–科赫公司为满足美国特种作战司令部需要“进攻型”的手枪而开发研制出一款结合勃朗宁手枪结构的半自动手枪——USP。这是一把完全满足军方标准，重量更轻的手枪。事实证明，USP在现今的枪械市场上是一把物超所值的半自动手枪，它将聚合材料应用在枪械上，开辟了一种新型枪械研发的趋势，在历史舞台上实现了创造性的突破。

德国 HK 公司的财政赤字

USP手枪当初生产的目的，是挽救HK公司不断的财务亏损。所以计划提出之后，直接将市场目标就定位在美国庞大的警用与民用市场。即使处于这样的情况下德国HK公司也并没有放弃对质量以及性能的追求，就是在这种勇于创新和坚持理想的信念下，HK才能一直迎接挑战，研发出这样出色的知名武器。

前缘多用途沟槽

USP首创护弓前缘多用途沟槽，可加挂专用激光标定瞄准器或强光手电筒，使USP手枪成为反恐与特种任务枪种。

2 握把

USP手枪的握把底部两侧有弧形凹槽，便于用手取出弹匣。

3 保险杆

保险杆在左侧，保险杆向上扳，处于保险状态；中间为单动状态；下方为双动射击。

9×19mm鲁格弹

- 去掉7.65毫米鲁格弹弹壳颈部收缩结构
- 直壁式的无边缘弹壳
- 全世界广泛被使用的手枪弹种

40 S&W手枪弹

- 由10毫米Auto子弹演化
- 采用中心底火式直筒型弹壳
- 世界各地热门的射击竞技弹种

第一把执行反恐与特种任务的枪种

USP的击针保险与击锤保险采模组式，同时扳机组拥有多种功能，射手可依照自己习惯选择。在设计上USP汲取了葛拉克手枪系列与SIG手枪系列各处的优点，如聚合塑胶的采用、滑套的构形以及闭锁机构等。USP也首创了护弓前缘多用途沟槽，可加挂专用的激光标定瞄准器或强光手电筒，这使USP手枪成为第一把拥有完整配件以执行反恐与特种任务的枪种。

1 枪口增压器

该枪采用枪口增压器，实际上如果没有枪口增压器的协助，机枪的射速就无法进一步提高，性能也就无法充分发挥。

2 导气室

子弹击发后所产生的高压气体经过枪管上的导孔来推动连接枪机的结构，帮助枪机开锁、闭锁，退壳与进弹。

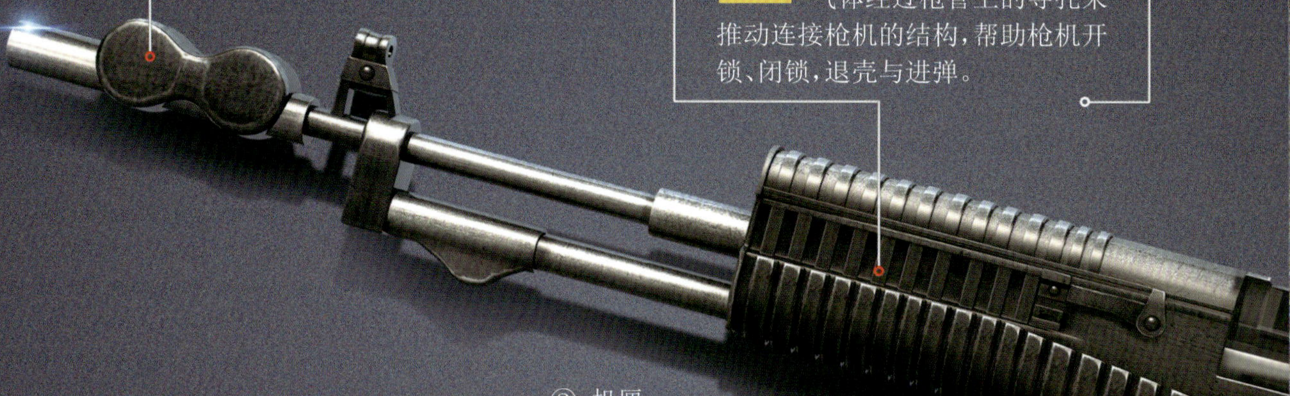

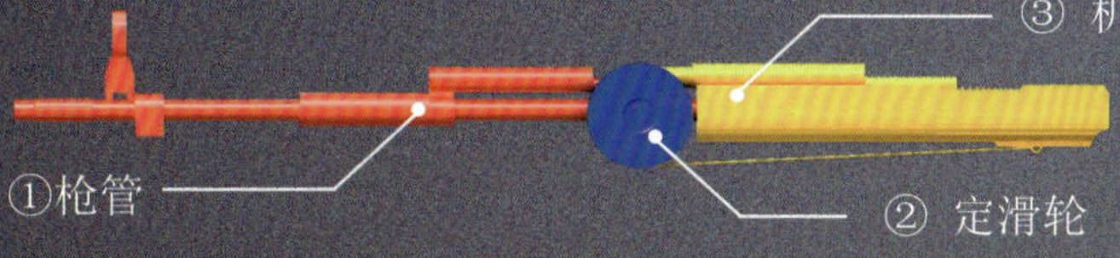

BBSP 原理

AN94的BBSP原理事实上是一种高速装填次发弹的技术。利用"定滑轮"技术将第二颗子弹快速带入，并高射速进行两发点射，使两发弹头在枪身开始后坐之前就出膛，从而避免射击后坐对点射精度的影响。

THE ARROGANT KILLER

[狂妄杀神] AN94 突击步枪

AN94 ASSAULT RIFLE HAS BEEN ELECTED TO "OKP"

1974年开始装备苏联陆军的AK-74突击步枪在阿富汗战争复杂的山地环境下暴露出大量问题。军方提出"阿巴坎计划"，要求新枪在保持AK-74可靠性的同时，精度要比AK-74高5~10倍，并能够安装如榴弹发射器、各种光学瞄具等制式配套组件。经过一系列测试后伊热夫斯克机械厂根纳金·尼科诺夫设计的AN94突击步枪击溃竞争对手，成功入选。

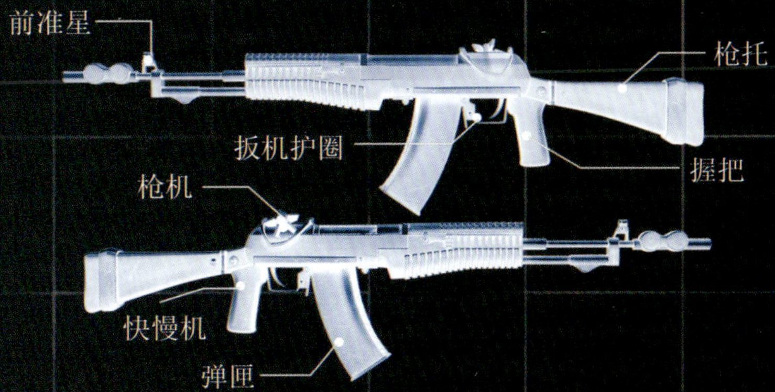

3 快慢机

快慢机位于机匣的左侧，是扳机护圈上面的一个小开关，快慢机的3个位置分别为单发、2发点射和全自动。

4 枪托

整个枪托与枪壳一样，都是采用玻璃纤维增强的聚酰胺，枪托可向右折叠以减少该枪的长度。

自动降低的射速

AN94的另一个特点是全自动射击时射速会自动降低。在全自动模式中射击时，最初的两发弹在1800发每分的“高射速”中进行，而后则自动降低到600发每分的低射速打出第3发及后续弹。虽然后坐力会对连发射击精度产生影响，但由于机匣的缓冲器和枪口制退器的作用，AN94的连发后坐力也是比AK步枪低的。

AN94(俄罗斯制造)

- 气动式
- 发射5.45×39毫米M74步枪弹
- 射击精度比AK-74突击步枪高13倍

AK74(俄罗斯制造)

- 转栓式枪机
- 发射5.45×39毫米M74步枪弹
- 抵肩射击时更稳定，而且有缓冲作用

THE SOLITUDE LIGHTNING

[独行闪电] G36K突击步枪

THE G36K ASSAULT RIFLE WAS SERVED FOR GERMANY IN 1995

随着20世纪90年代柏林墙的倒塌，德国政治、经济都发生重大变化，德国联邦国防军提出新的制式步枪招标要求。1993年，德国国防技术与采购署的专家组对市场上出售的10款步枪和7款轻机枪进行了预选。1995年德国本土的HK50淘汰了奥地利的AUG和英国的L85A1，成功列装部队，并改名为G36突击步枪，之后经改进衍生出大型四叉型消焰器的G36K短突击步枪。

备受警队推崇的轻兵器

G36突击步枪是备受西方国家推崇的标准轻兵器。早在1996年该枪定型时德国HK公司就考虑到了出口问题，因此专门设计了用于出口的枪G36的E型系列，但HK公司为特种部队和特警设计的G36C短突击步枪更受警察欢迎，于是，HK公司专门为德军特种作战部队"KSK"研制了一款G36K短突击步枪，该枪也为美国警察所列装。

枪管

G36K的枪管长320毫米，缩短了160毫米，以耐热不易变型的金属管打造而成，连接在膛室。

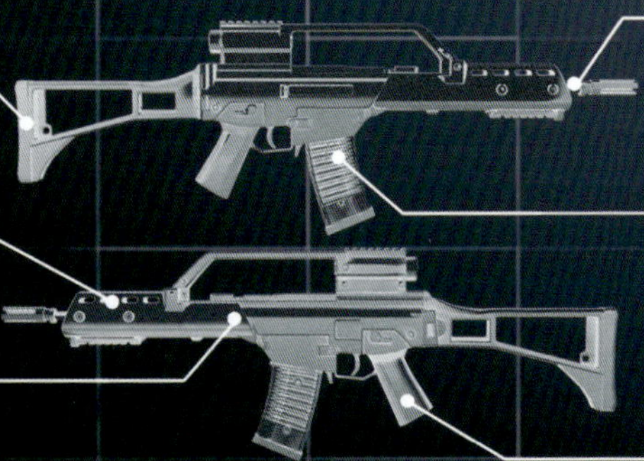

2 护木

护木位于枪械前端，用以保护射手免于直接接触发射时可能非常热的枪，护木两侧分别装有战术灯和激光瞄具。

3 瞄准镜

采用英国激光制品公司的休尔费尔战术灯和激光瞄准镜，普通瞄具为框式表尺，表尺射程350米。

弹匣（常见供弹具）

- 弧形
- 茶色半透明可看清弹匣内剩余枪弹
- 两侧有联结装置可联结备用弹匣

弹鼓（圆型供弹具）

- 圆型
- 大部分部件以塑料制造
- 不需更换供弹具情况下可发射更多弹药

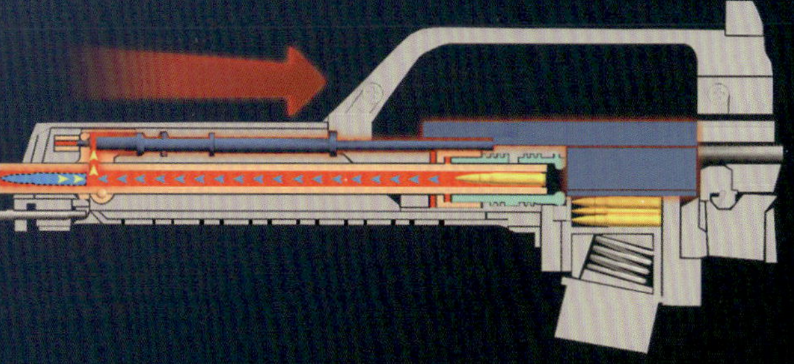

▲导气式原理

导气式原理

G36系列枪机最大的变革就在于G36K采用导气式自动原理，枪管上方有个短的导气活塞，当发射的弹头经过枪管中部的导气孔后，部分火药气体从导气孔溢出，通过导气管推动活塞，活塞杆的后退打开了枪机的闭锁，枪机就会在高压的火药气体的反作用下进行后坐。

THE ART OF FIGHTING

[格斗艺术] A-2霰弹枪

THE "JACKHAMMER" A2 SHOTGUN WAS NEVER BEEN PRODUCED

位于美国新墨西哥州潘科公司的设计师约翰·安德森在1987年推出了一款专利设计的霰弹枪命名为——Jackhammer，或意译为“汽锤”，这个单词也有手提钻、手提式凿岩机和风镐的意思。用以说明这种自动霰弹枪像手提钻或手提式凿岩机一样威力强劲，但是这支枪却从未投入生产，据简氏年鉴在2000年的介绍，虽然研制工作已经完成，但生产却永远不会开始。

枪管

枪管外面有复进簧缠绕，在导气活塞前方。枪管本身可以浮动，枪管外筒（机匣）与枪管之间形成导气室。

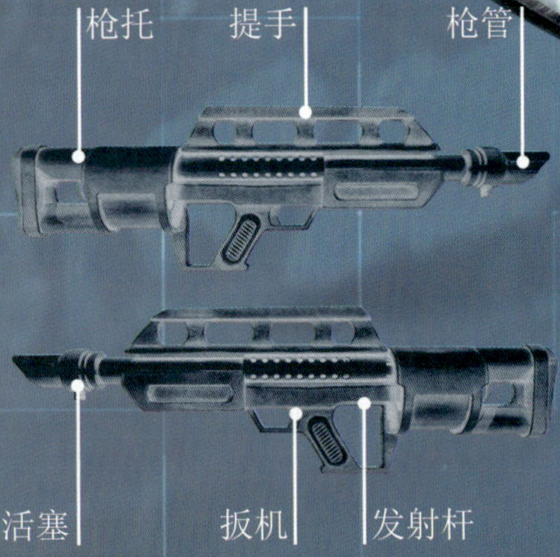

智能自动化

全自动射击由火药气体通过导气孔及调节塞进入气室，推动活塞，再推动枪机框。调节孔的大小可改变气体流量。该枪闭锁方式是枪机回转式，由枪机框上的螺旋槽推动枪机上的螺旋突起而带动枪机，完成开闭锁。

2 解脱杆

枪托内部有一个解脱杆，当武器待击后，如果不需要发射，可以扣下解脱杆，使击锤解除待击状态而实现保险。

火箭增程弹

- 利用火箭发动机推力增加射程
- 出现在第二次世界大战后
- 配备美国155毫米自行榴弹炮

箭弹

- 针状附尾翼的弹头设计
- 通常使用脱壳设计以利枪管内运动
- 配备美国陆军“先进战斗步枪”试验计划

没有音乐的卡带

该枪采用能装填的转轮式弹膛作为弹匣供弹，这种类似于转轮手枪的旋转弹膛被称之为Ammo Cassette，Cassette这个单词是指录音机的卡带，这个转轮式弹匣采用这样的名称大概就是指它像“卡带”一样装到枪上，工作时也是转动着的。因为汽锤的转轮并不是像转轮手枪那样，装填时是把零散的枪弹装到转轮的弹膛中，而是要更换整个转轮。

2 复进簧

UMP复进簧的弹力可以将枪机压在枪管上，射击时依靠枪机自身重量和复进簧的弹力延迟开锁时间。

1 瞄具

瞄具采用的是柱形准星和固定的觇孔式照门，简单实用，不过在试验中普遍反映瞄具的位置偏低。

颠覆传统模式的优质新式枪机

UMP45舍弃了MP5传统的半自由式枪机，改用自由式闭锁枪机，为了确保射击精度，枪体上安装了减速器，并且采用闭膛待击，把射速控制在600发每分，如果在发射高压弹时，射速会提高到700发每分。

UMP45 的第一次亮相

UMP45就是为了美军特种部队专门设计的枪械，顶部、护木左右两侧及下侧都可以很方便地安装RIS导轨，任何符合美国军用标准的枪机辅助装置如小握把、瞄准镜、战术灯、激光瞄准具等都可以安装在导轨上，UMP45枪第一次公开亮相是在一次绑架案中。

PRIVILEGE OF SF

[特种标配] UMP冲锋枪

UMP45 IS SPECIALLY USED FOR 45 CALIBRE AMMUNITION

20世纪90年代后期，很多国家的特种部队都希望使用大威力弹药在执行任务时获得更大的优势，而.45ACP弹最大的特点是本身就是亚音速加上一枚圆钝的重弹头，完全可以对无防护的目标造成严重杀伤，可当时根本没有冲锋枪使用.45口径的弹药。HK公司为迎合市场需求，开发出全新的“45口径通用冲锋枪”简称UMP45，并于1998年底交付试验。

UMP45(原型)

- 45ACP(一种子弹型号)口径
- 25发可拆卸式弹匣
- 外形上和结构上相似

UMP40(衍生型)

- 40ACP(一种子弹型号)口径
- 30发可拆卸式弹匣
- 外形上和结构上相似

3 RIS导轨

RIS导轨采用新一代战术护木，使用时可以根据任务需要在四面上下安装各种战术附件，如战术强光手电筒。

4 折叠枪托设计

枪托用强化型塑料加工而成，把棱角加工成了流线型，枪托可向右侧折叠，折叠后仍能进行射击。

2 瞄具

瞄准方式采用折叠式的准星照门，不过也于上机匣装上了标准的M1913导轨，允许使用者自行加装各式瞄具。

4 弹匣

弹匣采用释放钮设计，可选配20发容量短弹匣或40发容量长弹匣，也有30发容量弹匣。

1 消声器

是阻止声音传播而允许气流通过的一种器件，为MP7特制的消声器不会因为枪支消声而降低其精确度、贯穿力及射速。

3 枪弹

配用4.6×30毫米枪弹，弹道低深，具有很强穿透力，在100米射程上，标准弹头可以穿透CRISAT标准靶板。

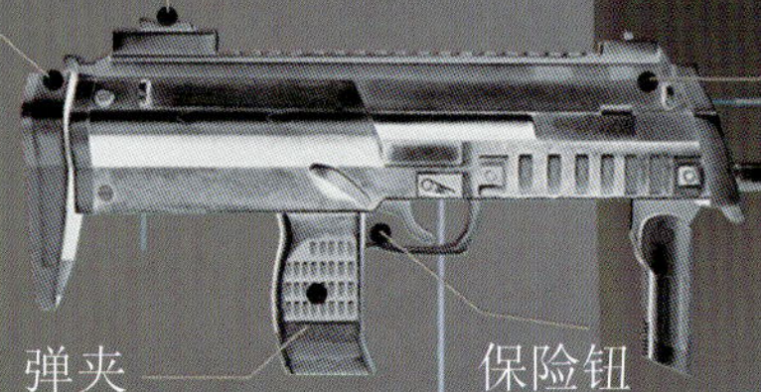

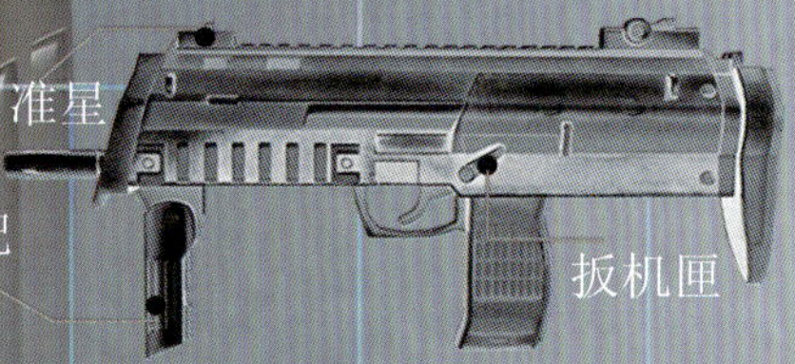

EMERGENCY STRATEGY

[紧急攻略] MP7冲锋枪

HK MP7 SUBMACHINE GUN IS A PURE PERSONAL DEFENCE WEAPON

20世纪90年代后期的单兵自卫武器市场一直处于不温不火的状态，在市场上找到纯正的单兵自卫武器已经越来越难，但有一支枪除外，就是2000年由德国黑克勒-科赫公司所研发的HKMP7冲锋枪。由于HKMP7拥有冲锋枪的性能，又有与手枪相似的外形，特别适用于室内近身作战及要员保护。短短的两三年即先后出口17个国家，销售量只增不减，也算为单兵自卫武器赢回了一点地位。

独特的弹头设计

我们可以来做一个弹头之间对比，通常情况下，如果枪机要增加停滞威力时，需要采用凹槽弹头，若想要穿透防弹背心，则需要采用像普通步枪弹一样的尖弹头。FN公司与P90同时推进开发的5.7×28毫米枪弹是通过非常巧妙的设计同时达到了前面所说的双重效果。

MP7 冲锋枪与原型 PDW 相比的变化

HKMP7是应德军要求在扳机上方增加了可双手操作的枪机保险，枪托底板部分加厚，握把进行了防滑处理，处理后的握把与USP手枪基本相同。为了满足“21世纪士兵装备”需要，HKMP7冲锋枪在PDW的基础上，在机匣上方安装了较长的皮卡汀尼导轨，小握把右侧也加装了较短的皮卡汀尼导轨，这样可以用于安装瞄准镜、激光指示器、战术灯等附件。

MP7(原型)

- 枪管长180毫米
- 发射速率950发每分
- 4.6×30毫米弹药

MP7A1(改进型)

- 枪管长177毫米
- 发射速率850发每分
- 4.6×30毫米弹药

MASTE OF AESTHETICS

[美学大师] F2000突击步枪

BELGIAN F2000 IS THE ONLY TYPE OF BULLPUP ASSAULT RIFLE

2001年3月，在阿联酋国际防务展示会上，比利时FN公司研制的F2000模块化突击步枪吸引了众多参观者的目光。F2000是唯一一种犊牛式突击步枪，全长只有694毫米，仅枪管就占了400毫米，该枪大量使用塑料材质，因此比FAMAS、AUG等突击步枪更轻。F2000自问世以其完美的设计理念和精巧的模块化组件赢得了轻武器专家的广泛赞誉。

人性化的设计理念

F2000另一种独特设计是采用P90的混合式发射模式选择钮及前置式抛壳口，抛壳方向与常规步枪不同，F2000空弹壳自枪口右后上方的抛壳窗中向前抛出。这样即解决了左手射击时弹壳抛向射手面部及气体灼伤问题，又让射击时首发弹壳会留在弹壳槽内，直至射击至第三、四发，首发弹壳才会排出。

摇臂系统

为了便于向前抛壳，空弹壳从弹膛抽出之后被送到在枪管上方运动的抛壳管中，这个动作通过摇臂系统来完成。

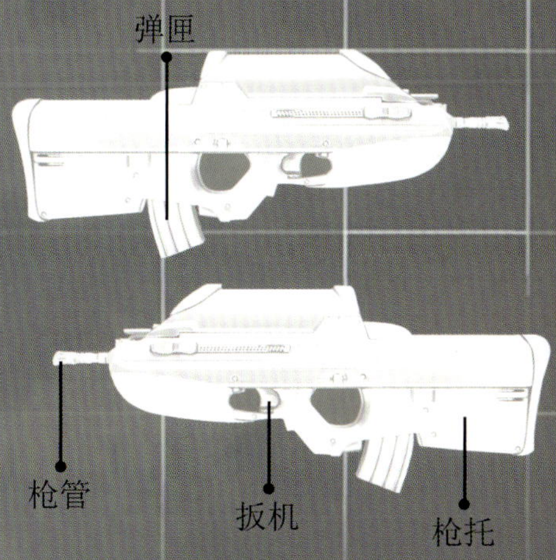

2 保险装置

该装置由活塞杆驱动一个旋转闭锁系统，该闭锁系统强度及可靠性均较高，并能保证火药燃气不进入弹膛区域。

3 电池供电

枪托里面的电池不仅能为火控系统供电，还能为其他战斗附件或系统供电，如红点式目标指示器。

F2000(突击步枪)

- 发射5.56×45毫米北约制式枪弹
- 空枪重3.8千克
- 全长690毫米

XM29OICW(突击步枪)

- 发射5.56北约步枪弹
- 空枪重5.5千克
- 全长890毫米

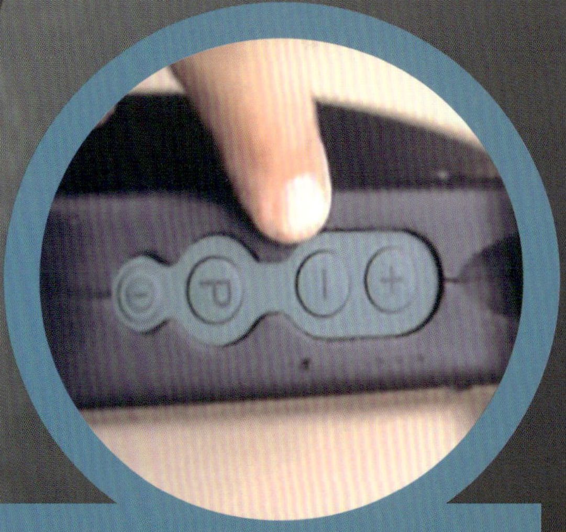

火控系统

F2000火控系统安装在框座位置，配有按键，能精确测量并显示目标距离。将瞄准点对准目标，按下扳机下方的按钮，即可启动低功率的激光测距仪，距离便以红色显示在瞄具显示屏上，误差为1米，将步枪向上倾斜一定角度，光的颜色就会变成绿色。射手要想以腰际射击方式发射榴弹，位于火控系统框座顶部的一个部件上将发出深、红、绿3种光，以便于瞄准。

M500 手枪烧烤车

在中国，一群高中生在焊接课上居然设计出一款仿照史密斯威森M500左轮手枪的烧烤车，这辆烧烤车不是仅有炫酷的外形那么简单，内部功能同样十分齐全。想象下炎热的夏天，在车上和朋友弄个BBQ还是很有意思的。

枪口制退器

用来将部分排出的废气转向后喷，以提供向枪口前方的推力，来抵消部分后坐力。

2003年，美国史密斯威森公司宣称生产了“当今世界威力最大且批量生产的左轮手枪”——史密斯威森M500左轮手枪。M500左轮手枪的问世并没有辜负众人的期望以及公司对它所做的大力宣传，它所发射的子弹动能是大名鼎鼎的.50口径“沙漠之鹰”的一倍，杀伤力早已超出手枪的范围。如果是初学者，身边必须要有教练看护才能使用。

THE TERRIFYING SOUND

[恐怖之声] M500 史密斯威森

SMITH WESSON REVOLVER M500 SHOULD BE CARELLY USED

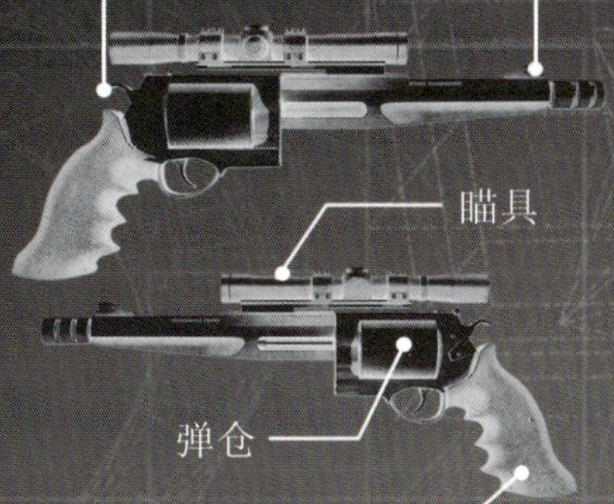

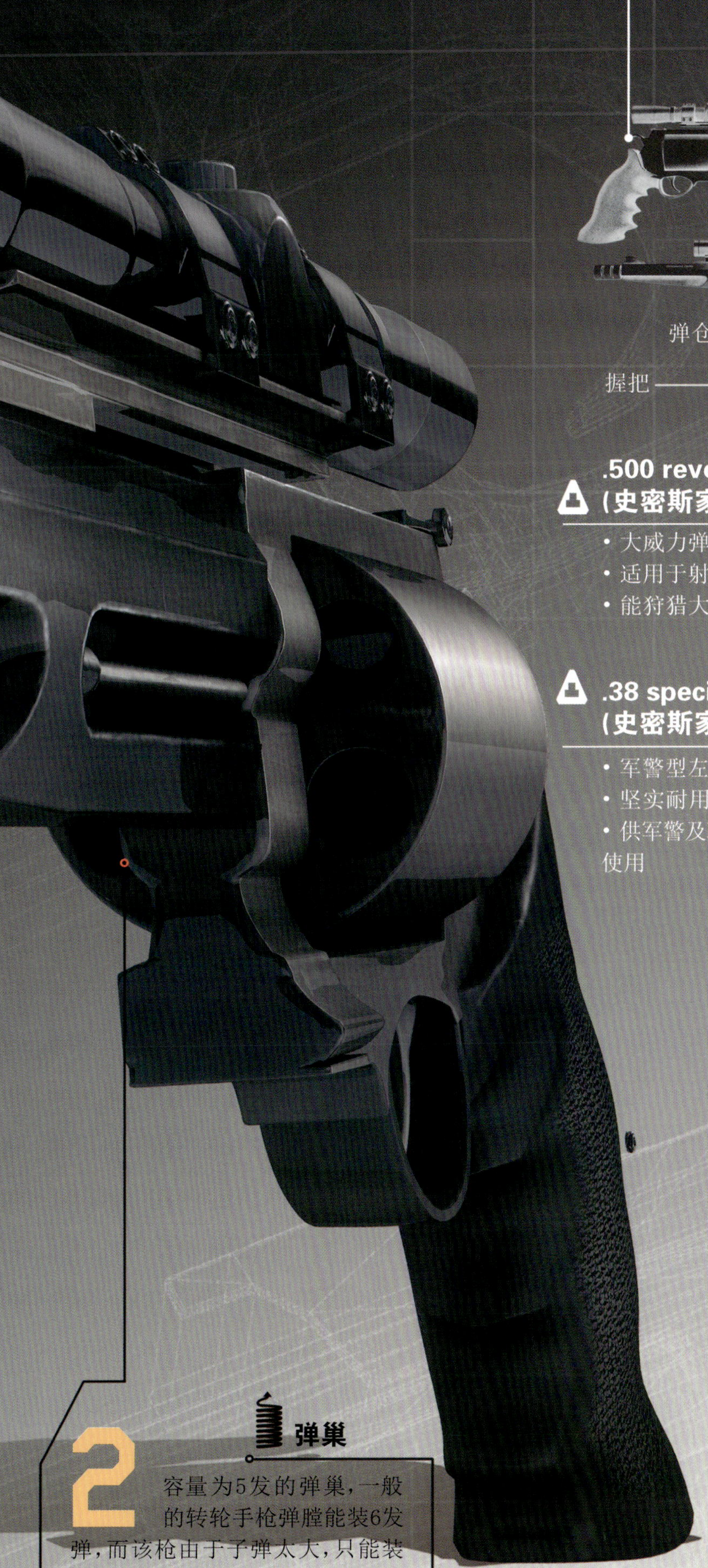

.500 revolver（史密斯家族）

- 大威力弹药
- 适用于射击运动
- 能狩猎大型野生动物

.38 special revolver（史密斯家族）

- 军警型左轮手枪
- 坚实耐用、价格便宜
- 供军警及联邦调查局使用

“顶级标配”的左轮手枪

和名称暗示一样，史密斯威森M500发射.500S&W Magnum子弹，该种JHP型子弹弹头重约350格令，即22克，初速602米每秒，枪口动能可达4109焦耳之高，发射威力及喷出火焰相当巨大。史密斯威森M500的先进设计有助于减少持枪者的后坐感。这些设计包括超重的枪身，重量可抵御枪口上跳，橡胶底把，以及特别设计的枪口制退器等。

2 弹巢

容量为5发的弹巢，一般的转轮手枪弹膛能装6发弹，而该枪由于子弹太大，只能装下5发。

枪栓导气孔

闭锁时会面向左方的卡榫导槽，万一子弹底部因故炸裂时，炽热的瓦斯会从两个导气孔向左侧排出，不会喷到射手脸上。

SCAR-L(轻型版)

- 发射5.56×45毫米北约弹药
- 使用M16弹匣
- 可以改装成“狙击型态”

SCAR-H(重型版)

- 发射7.62×51毫米北约弹药
- 使用FNFAL20弹匣
- 可以改装成“狙击型态”

颜料的伪装效果

FNSCAR步枪的外表面都涂有FS595B型单一黑色矿物颜料，是一种适合大部分环境的优质中性颜料，看起来大方沉稳，且反光很少。不过，由于自然界很少有天然的直线和黑色，持枪的特种部队人员容易暴露位置。因此，需要对枪械喷涂其他颜料进行伪装，黑色矿物颜料提供了一种基本的色彩，在此基础上起到伪装效果。

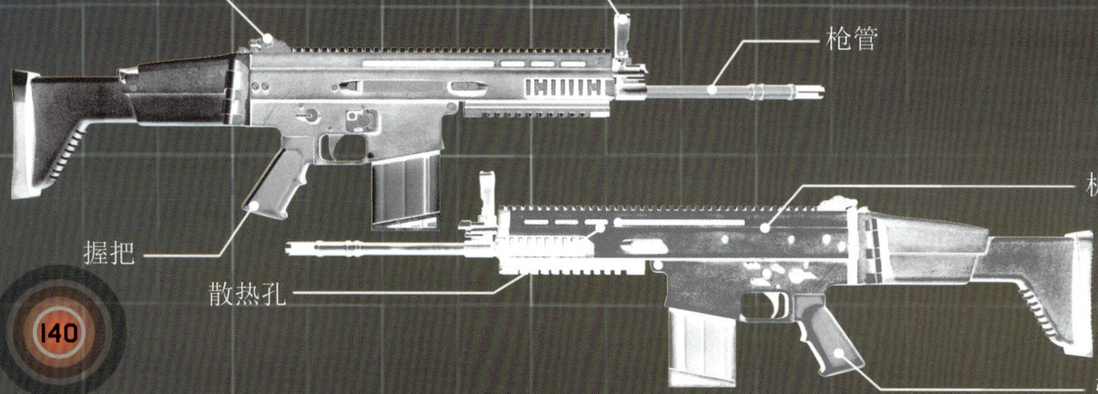

THE SF'S WEAPON

[特种利器] FNSCAR突击步枪

FN SCAR CAN BE USED IN SAND AND DUST ENVIRONMENT

进入21世纪后，美军特战司令部提出能代替现役枪支的新枪设计要求。比利时FN公司按要求设计出了一款能在沙尘环境中使用的FNSCAR突击步枪。该枪有使用5.56北约的轻型版和7.62北约重型版两种版本，两种版本均可改装成“狙击型态”或“近战型态”，FNSCAR自2007年亮相后便迅速成为多个国家的新宠。

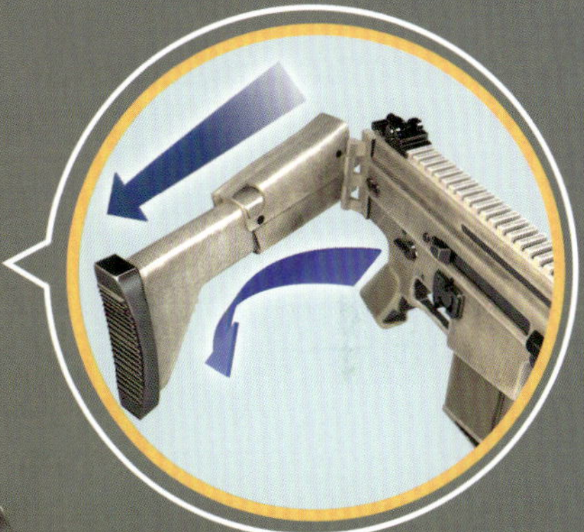

灵活运用的枪托

FNSCAR枪托设计精妙，旋转枪托靠近尾部的旋钮可以使枪托前后伸缩，也可以根据需要将枪托向右折叠，在战场上根据士兵装备结构、防弹衣或服装上其他影响士兵肩膀和扳机距离的因素来伸缩枪托，使枪托长度达到最适合握持的状态；特种部队作战人员需要将枪支隐藏在衣服下，可将枪托折叠，折叠枪托也有利于执行在车辆、直升机内、伞降行动等战斗的便捷性。

2 导轨

FNSCAR特征为从头到尾不间断的战术导轨在铝制外壳的正上方排开，两个可拆式导轨在侧面。

3 机匣

机匣由上下两个部分组成，由两个十字头销子连接，上机匣由铝冲压制成，下机匣采用聚合物材料。

12号口径霰弹(KSG配用)

- 装填7发
- 7厘米
- 大型弹仓装填或者抛壳口装填

12号口径马格南霰弹(KSG配用)

- 装填6发
- 7.62厘米
- 卿筒式双弹仓供弹机构相结合的设计

Kel-TecKSG霰弹枪使用支招

Kel-TecKSG霰弹枪需要通过位于手枪握把后面枪托底部的大型弹仓或者抛壳口进行装填。空弹壳发射以后是通过相同的抛壳口直接向下弹出，解决了左手射击时弹壳抛向射手面部及气体灼伤的问题，在骚乱等条件下，可以灵活地先使用某一边的非致命性弹药，而标准常用的霰弹(例如鹿弹)则用作后备或必要时使用。这种类似霰弹枪的设计概念还有南非的NS2000。

美国著名的Kel-Tec数控工业公司在2011年公开了自己的最新设计Kel-TecKSG霰弹枪，KSG是一支双管式弹仓供弹的霰弹枪，使用者可以手动切换内部供弹的弹仓，该枪采用无托结构，枪管就占了全枪长度一半以上，这样的设计是为了符合美国普通民用霰弹枪的限制，十分适合平时藏在家中危险时做自卫武器使用，是当代自卫武器中不折不扣的双管杀手。

TWO BARRELS

[双管杀手]KSG霰弹枪

KEL-TEC KSG IS DESIGNED FOR AMERICAN ORDINARY PEOPLE

供弹选择杆的实用性

Kel-Tec KSG霰弹枪利用供弹选择杆作手动选择哪个管进行弹仓供弹。供弹选择杆拨向中间位置不能左右管式弹仓交替供弹，或是重新装填，只能让使用者手动退壳或将霰弹直接往膛室里装填。供弹选择杆拨向其中一侧位置后就可使用各自管式弹仓内装填的霰弹供弹射击。打尽一边的管式弹仓以后，使用者必须要通过拨动供弹选择杆作手动改变供弹来源。

2 楔形块

枪管通过位于枪机内上方的可摆动的楔形块闭锁，闭锁时枪机的楔形块会缩进枪管的延伸部分。

3 弹仓

弹仓可装填多发子弹，在步枪弹、机枪弹容量上不如其他供弹具。

1 皮卡汀尼导轨

护手上方有一段305毫米长的皮卡汀尼导轨，皮卡汀尼导轨标准统一、结构灵活，能将导轨装于自动步枪机匣上方。